JN091367

セーフティ&セキュリティ入門

AI、IoT時代のシステム安全

日科技連 SQiP 研究会
セーフティ&セキュリティ分科会 編

金子 朋子 著

日科技連

まえがき

　安全安心はいつの時代も社会の最優先事項である。現在、異なる製品やサービスがインターネットを通じてつながり、新たなサービスや価値が提供されるIoT（Internet of Things）が実現しつつある。また、社会のさまざまな仕組みのコントロールに深層学習に代表される高度化した人工知能（AI：Artificial Intelligence）の実用化が急速に進んできている。

　このようなAI、IoT時代に、安全安心が確保されたシステム構築へのニーズはいやが上にも増している。セーフティとは「偶発的なミス、故障などの悪意のない危険に対する安全」を示す。一方、セキュリティとは「悪意をもって行われる脅威に対しての安全」まで確保することをさす。したがってセキュリティによる安全は、気がかりのない「安心」をもたらすとも捉えられる。筆者は「システム思考」と「レジリエンス・エンジニアリング」などのシステム安全理論と技術の普及展開に取り組んできた。また、セーフティやセキュリティ技術をばらばらに取り扱うのではなく、統合的に組み合わせて、安全安心なシステムを構築するための開発方法論を長年、研究してきた。

　「システム思考」とは現代の環境問題などのように複雑なメカニズムが互いに絡み合っているときに全体から関係性を捉える重要な思考方法である。最近、「レオナルド・ダ・ビンチが万能の天才になれたのは、システム思考によって、異なる知識を結びつける能力があったからではないか」と最新AIが天才の謎を明かしたことで「システム思考」が注目された。つまり、システム思考は、広汎な事象に対して普遍的な意味を関係性から捉える方法である。

　また「レジリエンス・エンジニアリング」はレジリエンス（＝回復力、復元力、弾力性）を工学的に扱う研究である。2020年、野口聡一宇宙飛行士を乗せた米国民間宇宙船が打上げに成功した。宇宙船の名前は日本語で「困難な状況から立ち直る力」などを意味するレジリエンスと名づけられた。サイバーセキュリティにおいても、攻撃に対して、レジリエントに対応することが求められている。

　本書は、最近、大変注目されてきているこの「システム思考」と「レジリエンス・エンジニアリング」をセーフティとセキュリティ双方に適用してきた筆者の研究成果を紹介するものである。ただし、難解な解説ではなく、多角的な専門家の解説や詳細な事例分析を含んだセーフティ・セキュリティ技術、方法論の入門解説書として、技術者が利用できるように、できる限りわかりやすく、体系的に示そうとするものである。

　また、日本科学技術連盟ソフトウェア品質管理研究会（SQiP研究会）で筆者が主査を務める「セーフティ＆セキュリティ」分科会において取り組んできた演習実践的な学習内容をなるべく、具体的な紙上に再現することを意図している。

　本分科会は2017年4月に筆者がセーフティとセキュリティとの統合実践的研究を志し、企画立案し、「セーフティ＆セキュリティ」をテーマにした日本で最初の技術者向けの演習コースとして発足した。当初は髙橋雄志副主査、勅使河原可海アドバイザーの体制であった。2018年からは佐々木良一アドバイザーに代わり、2020年から研究コースになったが今日まで一貫してセーフティとセキュリティの技術の実践と研究に取り組んでいる。本コースでは、セキュリティの研究者であり企業でのITシステム構築の実践者でもある筆者が、IoT時代に重要であるフィジカルなシステムと人間との安全を中心に発展してきたセーフティとの統合をいかに実現すべきかを講義と演習を通して指導した。また、トラスト、プライバシー、セキュア通信など関連分野の研究者や航空宇宙などの最先端安全性を実現してきた技術者などの専門家による講義を提供してきた。さらに、本コースは企業から集まったメンバーとともに探求してきた研究の実践の場でもあった。

　本書ではこれらの取組みをできる限りSTAMP（System Theoretic Accident Model and Processes）、FRAM（Functional Resonance Analysis Method）、GSN（Goal Structuring Notation）などのセーフティ技術やコモンクライテリアなどセキュリティ標準の概論や筆者の研究であるセーフティ・セキュリティの統合手法STAMP S&Sや開発方法論CC-Caseを記述し、前述の専門家の講義の要旨をコラムで伝え、年度ごとのメンバーの先進的な研究内容を事例として、解説する。

　本書のテーマは「セーフティとセキュリティの統合的エンジニアリング」である。

　第1章では、セーフティとセキュリティの理論、分析技術、標準・ガイドラインの概要と、セーフティ・セキュリティの統合分析手法、STAMP S&Sの要旨を解説する。

　第2章では、新しいセーフティの2大理論の1つであるシステム理論にもとづく事故モデルSTAMPと、ハザード分析手法STPA、事故分析手法CASTとそのセキュリティ応用について、具体的な事例で解説する。

　第3章ではセーフティのもう1つの理論であるレジリエンス・エンジニアリングについて解説し、機能共鳴分析手法FRAMの具体的な事例を紹介する。

　第4章では、「セキュリティ・バイ・デザイン」の概念を解説したうえで、セキュリティ技術について解説する。現実にセキュリティにかかわる課題にどのように対処してきたのかについても紹介する。

　第5章では、ITセキュリティ標準であるコモンクライテリア（CC）とセーフティ検証・妥当性確認に用いられるアシュアランスケースを中心に、標準とアシュアランスについて解説する。また、本書で取り上げるセーフティとセキュリティの技術要素を統合的に用いる開発方法論であるCC-Caseについて説明する。

　第6章では、さまざまなものがつながるIoTの安全安心を実現するために、アシュアランスケースと重要なIoT高信頼化機能について、説明する。さらにIoTセキュリティに対してアシュアランスケースを用いて妥当性確認をする事例を紹介する。

　第7章では、機械学習を含んだシステムの安全性の課題を提示する。また、AIとセキュリティの現状について、概説する。

　「安全安心が重要だ」とことあるごとに人は言うが、本書が「コンピュータシステムの開発から見た安全安心はどのようなものか」について考えていただくきっかけになれば幸いである。

　2021年9月

金子 朋子

セーフティ&セキュリティ入門
AI、IoT時代のシステム安全

目　次

装丁・本文デザイン＝さおとめの事務所

第1章

セーフティ&セキュリティ概説

セーフティ（Safety）もセキュリティ（Security）のもどちらも「安全」を意味する。ただし、セキュリティは「安心」と捉えることも可能であり、その場合、両方で「安全安心」となる。しかし、両者の違いがわからない方も多いだろう。1.3節に詳述するが、本書では、セーフティとは「偶発的なミス、故障などの悪意のない危険に対する安全」、セキュリティとは、「悪意をもって行われる脅威に対しての安全」と定義している。

本章ではセーフティとセキュリティのそれぞれの特徴、主な技術や手法（技法）、標準を解説する。これはソフトウェア品質標準（SQuBOK V3）[1] に則したものなので、セーフティとセキュリティのそれぞれの基礎を学びたい方にも利用してほしい。表1.1にソフトウェア品質標準（SQuBOK V3）のセーフティ領域、セキュリティ領域と本書での記述個所の対応を示す。ちなみに筆者はSQuBOK V3のセーフティ・セキュリティ部分の執筆に参画してきた。なお、本書は標準のように、全体を網羅して記述するのが目的ではなく、コンピュータシステムで安全安心を実装する際、筆者が研究してきた技法をより具体的に伝えるものである。さらに本章ではテーマであるセーフティとセキュリティの統合を考えるために必要なソフトウェア工学での設計技法を解説し、5階層モデルを通じて、セーフティ&セキュリティのあるべき姿を示す。

1.1　セーフティ

1.1.1　セーフティとは？

セーフティとは、システムが、障害や危険事象が発生しても、人間の生命を損なったり、身体に害を及ぼしたり、社会に広範な悪影響を与えたりしない性質や回避できる性質、および、そもそも障害や危険事象の発生を抑制できる性質である。1.3節に詳述するが、これらを何から守るのかの観点で要約すると、

表1.1　SQuBOKと本書の構成

SQuBOKV3	本書での記述個所
4.2　KA：セーフティ	1.1　セーフティ 1.1.2　本質安全と機能安全 第2章　システム理論とSTAMP 第3章　レジリエンス・エンジニアリングとFRAM
4.2.1　S-KA：セーフティ品質の概念	1.1.1　セーフティとは？ 1.3.1　セーフティとセキュリティの概念
4.2.2　S-KA：セーフティの技法	1.1.4　セーフティの技法 第2章　システム理論とSTAMP
4.2.2　1T：セーフティ実現のためのリスク低減技法	1.1.3　ハザードとリスク 1.1.4　セーフティの技法
4.2.2.2　T：セーフティ・クリティカルシステムのテスト	1.1.4　セーフティの技法
4.2.3　S-KA：セーフティ・クリティカル・ライフサイクルモデル	1.1.5　セーフティの規格 第2章　システム理論とSTAMP
4.2.3.1　T：電気・電子・プログラマブル電子安全関係の機能安全（IEC 61508）	1.1.5　セーフティの規格
4.2.3.2　T：自動車電子制御の機能安全（ISO 26262）	1.1.5　セーフティの規格
4.2.3.3　T：医療機器ソフトウェア―ソフトウェアライフサイクルプロセス（IEC 62304）	1.1.5　セーフティの規格
4.3　KA：セキュリティ	1.2　セキュリティ 1.3.2　セーフティとセキュリティの特徴と違い
4.3.1　S-KA：セキュリティの品質の概念	5.2　ITセキュリティ標準コモンクライテリア（CC）
4.3.1.1　T：情報セキュリティの定義	1.2.2　脅威、脆弱性とリスク
4.3.2　S-KA：セキュリティの技法	1.2.3　セキュリティの技法
4.3.2.1　T：セキュリティ要求分析	4.2　セキュリティ開発プロセス 4.2.1　セキュリティ要求分析
4.3.2.2　T：セキュリティ設計	4.2.2　セキュリティ設計
4.3.2.3　T：セキュリティパターン	Column 7　セキュリティパターン
4.3.2.4　T：セキュアコーディング	4.2.3　セキュアプログラミング
4.3.2.5　T：セキュリティテスト	4.2.4　セキュリティテスト
4.3.2.6　T：脆弱性管理	1.2.2　脅威、脆弱性とリスク 4.2.5　脆弱性管理
2.10.2　S-KAリスク識別および特定	6.1　アシュアランスケース

本書でのセーフティの定義である「偶発的なミス、故障など悪意のない危険に対する安全」となる。ISO/IEC Guide 51では、セーフティを『許容不可能なリスクがないこと』[2] と定義している。ナンシー・G. レブソン（Nancy G. Leveson）は著書のSafewareで「安全（safety）とは、事故や損失がないことである。」[3] と定義している。なお、ソフトウェア製品の品質モデルを規定しているISO/IEC 25010では、リスク回避性と称して「製品またはシステムが、経済状況、人間の生活または環境に対する潜在的なリスクを緩和する度合い」[4] と定義している。

　ISO/IEC Guide 51では安全という概念について以下のように述べている。

【ISO/IEC Guide 51における「安全」の概念】

- 絶対的な安全というものはあり得ず、相対的に安全であるとしかいえない。
- 安全は、リスクを許容可能なレベルまで低減させることで達成される。
- 許容可能なリスクは、諸要因によって満たされるべき要件とのバランスで決定される。したがって、許容可能なレベルは常に見直す必要がある。
- 許容可能なリスクは、リスクアセスメントによるリスク低減のプロセスを反復することによって達成させると説明している。

　セーフティの概念を理解するためには、危害（harm）とハザード（hazard）という2つの概念を理解しておく必要がある。

　危害とは、「システムによって人間の生命が損なわれたり、身体に害が及ぼされたり、社会に広範な悪影響が与えられること」[1] をさす。

　ハザードとは、「危害を発生させる原因」[1] である。

　すなわちセーフティとは、「ハザードの発生を抑制する性質、システムにハザードが起こっても危害に至らない性質、システムにハザードが起こっても危害を回避できる性質」[1] を意味する。

　なお、セーフティについてはシステム全体で検討する必要がある。機器やソフトウェアは単体で悪影響を及ぼすわけではなく、システムの他の要素と複合してセーフティを損なうことが多い。またシステムの動作環境や、そのシステムを操作する人間や利用者とも相互作用している。したがって限定した視点で

セーフティを保証するのではなく、動作環境や人間も含めたシステム全体での
セーフティを保証する必要がある。

レブソンはシステム全体で相互作用による事故をモデル化し、そのモデルに
もとづく原因分析とリスク分析手法と人や組織を含めたセーフティを考えるこ
とが必要だとして、システム理論にもとづく事故モデルSTAMP [5] とその各
種手法やプロセスを提示している。本書ではこれらの詳細を第2章で解説する。

また、2014年頃に「安全とは受容できないリスクがないこと」とするセー
フティの考え方だけでは十分な結果が得られないとして、レジリエンス
(Resilience) という考え方が登場している。レジリエンス・エンジニアリング
では、「安全は変化する条件下で成功する能力である」と定義する [6]。レジリ
エンス・エンジニアリングについて、本書では第3章で詳細を解説する。

セーフティが要求されるシステムの開発では、セーフティを確保する技術や
標準の遵守より、セーフティを最優先する組織文化が最重要である。これは、
機能安全規格の標準に沿い、認証を取得しレベルに応じたセーフティを確保し
ていても、それは時間の経過に伴う変化、運用時の想定外の使用、技術者のモ
ラルの低下などの要因により、事故を起こしてしまうことは多いからである。
これらの人や組織を含めたセーフティについては、第2章、第3章で解説し、
本書の主張である人や組織と社会を含めた社会技術システムのモデル化に関し
ては、本章の後半に解説する。

1.1.2　本質安全と機能安全

セーフティには、本質安全 (Inherent Safety) と機能安全 (Functional Safety)
がある。

本質安全とは、「ハザードの発生を抑制する性質」[1] のことである。対策に
よってリスクをなくして安全を確保することといえる。

一方、機能安全とは、「システムにハザードが起こっても危害に至らない性
質や、システムにハザードが起こっても危害を回避できる性質」[1] をさす。
言い換えると、機能安全とはシステムのリスクを許容できる程度以下に対策し
て安全を確保することであり、機能による安全対策を行うことといえる。セー
フティの確保には、本質安全と機能安全の両方が必要であり、どちらか片方だ
けでは達成が難しい。

本質安全を高めることは、例えば、「鉄道の場合、踏切を立体交差にするこ

と」[7]になり、工場のプラント機器の場合、「動力源に人間を近づけない仕組み」である。ソフトウェアの場合、「危害に至る可能性のある障害を除去すること」はシステムの本質安全を高める。一方、機能安全を高めることは、鉄道の場合、「信号や自動列車停止装置などを設置して踏切事故を低減」すること、プラントの場合、「人間が動力源に近づくことを検知して停止する機構」に相当する。ソフトウェアの場合、「デッドロックを検知してリセットをかける機能を加えること」はシステムの機能安全を高める[1]。

1.1.3 ハザードとリスク

リスク（Risk）は、英語である。英語にRiskという言葉が登場するのは1660年代であった。ハザードや災いを意味するイタリア語risicoからの転用である。「将来の帰結に対する現在における予測」という見方が下敷きになっていて常に不確実性を伴う。工学分野の確率論的リスク評価では通常、次のように定義することが多い。

リスク＝損害の大きさ×損害の発生確率

また、「リスクマネジメント」標準規格JIS Q 31000：2010[8]ではリスクマネジメントのプロセスの流れを図1.1のように提示している。

組織の状況の確定をコミュニケーションと協議、モニターとレビューにより実施しつつ、リスクの特定、分析、評価によるリスクアセスメントを行い、リ

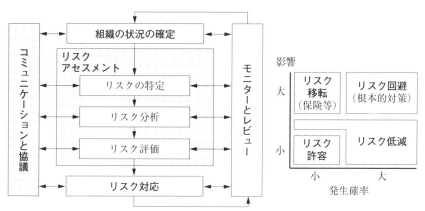

（左図の出典）　JIS Q 31000：2010「リスクマネジメント―原則及び指針」、5プロセス、5.1
　　　　　　　一般、図3―リスクマネジメントプロセス

図1.1　リスクマネジメントのプロセスの流れとリスク対応

スク対応を行う。リスクの対応は影響と発生確率により、リスク回避（抜本的対策）、リスク低減、リスク移転（保険など）、リスク許容に大別できる。

　セーフティにおけるシステムリスクは、ハザードの発生頻度と危害の大きさから評価ができる。ハザードの発生頻度、危害が大きさに応じて、リスクは大きくなる。システム全体のリスクやシステムが利用される目的や状況、システムの構造などからリスク全体の許容範囲を評価した後、システムを構成するサブシステムやコンポーネントごとに再帰的にリスクを評価していく方法が一般的である。セーフティに関するリスクの許容範囲の度合いは、SIL（安全度水準：Safety Integrity Level）と呼ばれ、SILが高いほど、ハザードの発生頻度は低く、危害は小さい。

　評価したリスクがSILを上回る場合、ハザードの発生頻度を低減させる本質安全的な方策を採るか、危害の大きさを小さくする機能安全的な方策を採る必要がある。

　一方、ソフトウェアは物理的特性をもたず、確率論的に発生する事象ではないため、障害を故障率で測ることは難しい。そのため、アーキテクチャの質や開発プロセスの質によって評価することは多いが、障害の原因は本質的には、コンピュータを動かしているプログラム自体の不具合であるバグに帰結する。

1.1.4　セーフティの技法

　主なセーフティ（ハザード）分析手法はFTA（Fault Tree Analysis）[9]、FMEA（Failure Mode and Effect Analysis）[10]、HAZOP[11]など1940～1960年代より活用されてきた伝統的なハザード分析手法のほか、2010年以降に出現したSTPA（System Theoretic Process Analysis）[12]などの新たな分析手法がある。

　これらの分析手法の違いは、元となるモデルの特徴から捉えることができる。FTAやFMEAは、フォルトツリー図や影響分析表を用いてハザード要因を分析する。システムの構成要素と故障モードが決まるアーキテクチャ設計の段階から、FTAやFMEAは適用できる。機器や組織の単一故障をハザード要因として識別する分岐条件を論理的に組むことで網羅的に分析できる特徴をFTAやFMEAはもつが、深く分析できる反面、構成要素間の相互作用から発生するアクシデントといった全体的な視野を必要とする分析が難しい。

(1) STPA

STPA (System-Theoretic Process Analysis) はSTAMP (System Theoretic Accident Model and Processes) モデルにもとづき、安全制約の実現に関係するコンポーネントとその相互作用を制御構造図にしたコントロールストラクチャ図とコントロールループ図を用いてハザード要因を分析する安全解析手法である。

STPAはシステムの大まかな構成要素が決まる概念設計の段階から適用できる。複数の機器や組織(人間)が、相互作用を行う複雑なシステムにおいて、相互作用に潜むハザード要因を識別する特徴がSTPAにはある。過去のアクシデント事例データにもとづくガイドワードにより、要因分析する。またシステム全体の振る舞いを確認しながら分析できる。

(2) FTA

ドミノモデルは、「事故の発生メカニズムが階層構造である」とするものである。具体的なモデルを作成する場合は、災害・事故をトップ事象とし、そこから事故原因に至る因果関係を定義する。この考え方を解析手法化したものがフォルトツリー分析(FTA:FaultTreeAnalysis)である。フォルトツリーは「故障(Fault)」のツリーである。

ドミノモデルの基本思想は、小さな故障(ツリーの葉)が倒れることを発端に、徐々に大きな故障(ツリーの枝)に発展し、事故・災害(ツリーの幹)が発生するというものである。FTAは有用性が認められ、汎用されている。フォルトツリーの末端の葉すべてを対象とし、それらの故障が発生した時にハザードに至らないようにする方法(ハザード制御)を、網羅的に実装することによって、ハザードの発生確率を最小化するという方法がとられている。ドミノモデルは、現代における主流の事故モデルの1つとなっている。

STAMPにおけるモデリングとは、FTAのように、事故原因を直接詳細化して展開するのではなく、「事故を防ぐ仕組み」を定義する行為と言い換えることができる。

(3) FRAM

レジリエンス・エンジニアリングにおける分析手法FRAM (Functional Resonance Analysis Method) [13] は、動的システムにおけるリスクの特定など

に用いられる。FRAMでは、複数の機能とそれらの関係によって分析対象の
モデルを記述し、各機能が互いにどのように影響しているか（機能共鳴）を分
析する。FRAMに関連して、エリック・ホルナゲル（Eric Hollnagel）は、セキ
ュリティ・レジリエンスの考え方を発表し、システムのセキュリティ向上のた
めには、Monitor、Respond、Learn、Anticipateの4つの能力（以下、4つの能
力）の向上が有効であることを主張した[14]。

　また、セーフティ・クリティカルシステム（システムのうち安全性に影響を
及ぼす部分）のテストは安全性解析の誤りや検討不足を指摘する役割があり、
以下の3種類に分けられる[1]。

【セーフティ・クリティカルシステムのテスト】
① 　非セーフティ・クリティカルシステムと同様のテスト
② 　安全機能に対するテスト
③ 　ハザードに対するシナリオテスト

　1つ目は「①非セーフティ・クリティカルシステムと同様のテスト」である。
この場合、テスト対象となるシステムの安全度水準を求めることが必要にな
る。例えば状態遷移テストは、機能安全規格であるIEC 61508シリーズでは安
全度水準が低い場合Recommended（推奨される）であるが、高い水準では
Highly Recommended（強く推奨される）と定義される。

　2つ目は「②安全機能に対するテスト」である。この場合、故障や事故を発
生させるテストケースが多いという特徴があり、故障や事故をシミュレートす
る機能などを備えることが望ましい。ハードウェアについてはFMEAが確立
されており故障モードが蓄積されているが、ソフトウェアについては故障モー
ドを整理するような技術は確立していないため工夫が必要である。

　3つ目は「③ハザードに対するシナリオテスト」である。ハザードの推測と
列挙、ハザードから危険事象へのパスの同定、安全機能の動作評価の大きく3
つに分けられる。HAZOPのガイドワードを用いた想定の向上、FTAによっ
て危険事象側からのトレースによる補完、ETA（Event Tree Analysis）[15]に
利用などが実施される。特にソフトウェアの場合、事前に想定できない障害が
発生し、想定外のハザードとして重大事故を引き起こす可能性があるため、
STAMP/STPAのハザード分析、FRAMのレジリエンス・エンジニアリング

が期待されている。

　なお、セーフティの検証（テスト）と妥当性確認の手法には、セーフティケースもある。セーフティケースはアシュアランスケース（保証ケース）をセーフティ分野に用いたものであり、その詳細は第5章で解説する。

1.1.5　セーフティの規格

　セーフティ規格の中心をなすのはISO/IEC Guide 51 [2] である。そのもとに機能安全規格ISO 61508があり、さらに自動車、医療などドメイン別の各種安全規格規格が存在している。機能安全（IEC 61508）とは、機能安全の基本安全規格である。

　IEC 61508は、以下に示すように、7部で構成されている。

【IEC 61508の構成】
- 第1部：一般要求事項
- 第2部：E/E/PE安全関連システムに対する要求事項
- 第3部：ソフトウェア要求事項
- 第4部：用語の定義および略語
- 第5部：安全度水準決定方法の事例
- 第6部：第2部および第3部の適用指針
- 第7部：技術および手法の概要

　このうち実際の要求事項を含んでいるのは、第1部から第3部で、その他は規格適用のための参考情報を示している部分である。

　第1部では電気・電子・プログラマブル電子安全関連システムに対する全般的な要求事項を述べている。第2部ではシステムを構成するハードウェアについての要求事項、第3部ではソフトウェアに対する要求事項を述べている。電気・電子・プログラマブル電子技術を用いた安全関連システムによって機能安全を達成するための標準プロセスを示すことを目的としている。

　IEC 61508-1〔IEC 61508-1 Ed. 2.0：2010〕では、E/E/PE安全関連システム全体の全安全ライフサイクルを提示している。概念設定のフェーズから使用終了・廃棄フェーズまでの16のフェーズから構成し、各々のフェーズを有機的に関連付ける要求事項を規定している（図1.2、図1.3）。

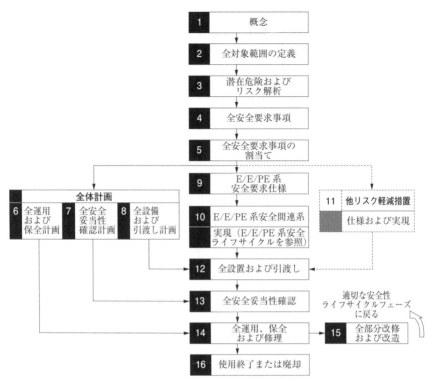

（出典）　JIS C 0508-1：2012「電気・電子・プログラマブル電子安全関連系の機能安全
　　　　第1部 一般要求事項」、7　全安全ライフサイクル要求事項、7.1.1　概要、図2

図1.2　全安全ライフサイクル

　自動車向けの機能安全（フェイルセーフ）規格（ISO 26262）は2011年に発行され、2018年版（ISO 26262：2018）では自動車に加えてモータサイクル、トラック、バス、トレーラーおよびセミトレーラーも対象となった。高度先進運転支援システム（ADAS）への対応を目的とし、人間が運転することを前提としている。また、ISO 26262：2018、Part2の付属書には、機能安全の達成におけるサイバーセキュリティの潜在的な悪影響に対処するための関連情報の参照先として、SAE J3061、ISO/IEC 27001およびISO/IEC 15408の記載が追加された。

　ISO/PAS 21448（Road vehicles -- Safety of the intended functionality：SOTIF）[16] が2019年1月発行、ISO/DIS 21448が2021年1月に発行された。

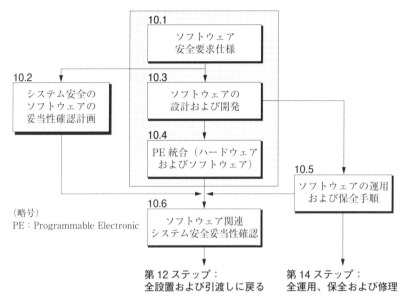

（出典）　JIS C 0508-3：2014「電気・電子・プログラマブル電子安全関連系の機能安全
　　　　　第3部ソフトウェア要求事項」、7　ソフトウェア安全ライフサイクル要求事項、
　　　　　7.1.1　目的、図4

図1.3　ソフトウェア安全ライフサイクル（実現フェーズ）

　自動運転レベル3への対応する目的で人間ドライバーが責任を持つ前提で先進
運転支援システム（ADAS）などの複雑なセンサーと処理アルゴリズムから導
き出される意図された機能への適用を意図している。ISO/DIS 21448の
AnnexBにはSTAMPのSTPA分析が提示されている（本書では第2章に
STPA分析を提示）。

　ANSI/UL 4600 [17] は自動運転の安全性論証、自律走行製品の安全評価規格
として、2020年4月に発行された。自動運転レベル4以上に対応する目的で人
間が運転しない自律走行車を前提にしている。アシュアランスケース（CAE）
を規格策定の中心に位置づけ、「自動運転が十分に安全であると論証する構造
化された方法」を提示する、ゴールベースドアプローチをとり、実装方法によ
らない技術中立としている（本書では6.1節にアシュアランスケースを提示）。

　医療機器ソフトウェアの安全設計・保守に必要なライフサイクルプロセスに
関する要求事項を規定した規格（IEC 62304）[18] は、要求事項をソフトウェア
安全クラス（クラスA：負傷または健康障害の可能性はない、クラスB：重傷

の可能性がある、クラスC：死亡または重傷の可能性がある）に応じて規定する。リスクマネジメント、医療機器、医療機器の品質マネジメントシステム）、およびソフトウェアエンジニアリングの観点を適切に組み合わせ、医療機器ソフトウェアの安全性の向上を実現する。

1.2　セキュリティ

1.2.1　セキュリティとは？

　セキュリティとは、「攻撃により情報が漏えいするなど被害が起きないようシステムを守ること」であり、「特定の情報など守るべき資産の価値が損なわれる脅威を回避、もしくは軽減すること」[1]である。1.3節に詳述するが、これを何から守るかの観点で捉えると、本書の定義「悪意をもって行われる脅威に対しての安全」となる。資産の価値を損なわないためにシステムが持つべき機密性、完全性、可用性などの特性を保つことがセキュアなソフトウェア開発、運用に重要である。

　情報セキュリティおよびその特性の定義とその特性を遵守する方法について説明する。情報セキュリティ（information security）を、ISO/IEC 27000で次のように定義している。

　「情報の機密性、完全性および可用性を維持すること。さらに、真正性、責任追跡性、否認防止、信頼性などの特性を維持することを含めることもある。」[19]

　すなわち、セキュリティを考慮した情報システムは、セキュアなシステムといわれ、情報セキュリティに関する特性を満たす必要がある。その特性である、機密性、完全性、可用性は、頭文字をとって、情報セキュリティのCIAといわれ、ISO/IEC 27000：2018で次のように定義している。

【ISO/IEC 27000における機密性、完全性、可用性の定義】

- **機密性（confidentiality）**：認可されていない個人、エンティティまたはプロセスに対して、情報を使用させず、また、開示しない特性
- **完全性（integrity）**：正確さおよび完全さの特性
- **可用性（availability）**：認可されたエンティティが要求したときに、アクセスおよび使用が可能である特性

　セキュアなシステムを構築する際にはこれらの特性を適切に定め、攻撃などによりセキュリティに関する特性が破られないようにする、もしくはその被害が最小限になるように、暗号や認証などのセキュリティの機能を用いて、ソフトウェアの設計・実装（プログラミング）をする必要がある。

　なお近年、情報セキュリティとは別にサイバーセキュリティの用語が多用されるようになっている。両者の区別は諸説あるが、ISO/IEC 27032：2012[20]において、「サイバー空間とは、人間、ソフトウェア、およびテクノロジーデバイスやそれに接続するネットワークを用いたインターネット上のサービスのやりとり（interaction）の結果として生じる複雑な環境で、いかなる物理的形態も存在しないもの」であり、サイバーセキュリティは「サイバー空間において機密性、完全性、可用性の確保をめざすもの」とされる。

　2015年に施行された日本国サイバーセキュリティ基本法[21]においては、サイバーセキュリティは以下のように規定されている。

【サイバーセキュリティ基本法におけるサイバーセキュリティの定義】
　「サイバーセキュリティ」とは、電子的方式、磁気的方式その他人の知覚によっては認識することができない方式（以下この条において「電磁的方式」という）により記録され、または発信され、伝送され、若しくは受信される情報の漏えい、滅失または毀損の防止その他の当該情報の安全管理のために必要な措置並びに情報システムおよび情報通信ネットワークの安全性および信頼性の確保のために必要な措置（情報通信ネットワークまたは電磁的方式で作られた記録に係る記録媒体（以下「電磁的記録媒体」という）を通じた電子計算機に対する不正な活動による被害の防止のために必要な措置を含む）が講じられ、その状態が適切に維持管理されていることをいう。

1.2.2　脅威、脆弱性とリスク

　セキュリティに関連するシステム被害に関しては、脅威、脆弱性、リスクという重要な3つの概念がある。ISO/IEC 27000：2018では、この3つの概念を次のように定義している。

【ISO/IEC 27000における脅威、脆弱性、リスクの定義】

- **脅威**：システムまたは組織に損害を与える可能性がある望ましくないインシデントの潜在的な原因
- **脆弱性**：1つ以上の脅威によってつけ込まれる可能性のある、資産または管理策の弱点
- **リスク**：目的に対する不確かさの影響

　特に情報セキュリティリスクは、財務、安全衛生、環境に関するリスクとは異なり、脅威が脆弱性に付け込み、その結果、損害を与える可能性に伴って生じる。そこで、セキュリティ特性を遵守するには、セキュリティに関するリスクを分析し、リスクとみなされる脅威を明確にし、システムに内在する脆弱性を取り除いて、リスクにつながる脅威を減らす必要がある。

　セキュリティリスク管理標準規格「ISO/IEC 27005：2008」[22]ではITのリスク「リスク＝資産価値×脅威×脆弱性」と定義している。セキュリティリスクは脅威と脆弱性から引き起こされるため、セキュリティ分析は脆弱性分析と脅威分析に大別される。脅威は攻撃者が起こすものであり、攻撃者は脆弱性を探し悪用する。セキュリティにおける脆弱性は「セキュリティホール」などと呼ばれることもある。ハードウェア依存や本人認証の回避、設定ミスなどプログラム以外の問題を除けば、脆弱性とはプログラムの不具合、すなわちバグとなる。ITセキュリティリスクを低減させるためには脆弱性を作り込まないプログラミングが重要となる。

1.2.3　セキュリティの技法

　攻撃に強いセキュアなソフトウェアを構築するためには、その要求や設計の段階からセキュリティに対する適切な要求を定め、一貫性を持った開発が必要になる。なぜならばどの範囲で情報を公開するか、どういった脅威を防ぐべきかといったセキュリティの要求は、ソフトウェアの設計や実装全体に影響を及ぼし、実装後のセキュリティ要求の追加・変更は対応に大きなコストが必要になってしまうからである。

　このような情報セキュリティを企画・設計段階から確保するための方策は、セキュリティ・バイ・デザインとよばれる[23]。セキュリティ・バイ・デザイ

ンとセキュリティ要求、設計、プログラミング、テストなどに関して、本書では第4章で詳細を解説する。

1.2.4 セキュリティの規格

セキュリティに対応する国際規格はISO 27000やISO 9000 [24] などのマネジメントシステムを中心とした規格群、セキュリティの実現の程度を評価するための規格群、暗号技術を中心とした規格群に分けられる。

また暗号規格の延長として、公開鍵基盤 (PKI：Public Key Infrastructure) の規格 [25]、XML (Extensible Markup Language) を利用したセキュリティ情報交換の規格 [26] など、各種存在する。

情報技術セキュリティの観点から、情報技術に関連した製品およびシステムが適切に設計され、その設計が正しく実装されていることを評価するためのITセキュリティの国際標準規格ISO/IEC 15408 [27] であるCC (コモンクライテリア：Common Criteria) がある。CCとは、情報技術セキュリティの観点から、情報技術に関連した製品およびシステムが適切に設計され、その設計が正しく実装されていることを評価するためのITセキュリティの国際標準規格である。

CCはセキュリティ機能と保証の要求を特定し、仕様化できるフレームワークである。CCに関しては、本書の第5章で詳細を解説する。その他のセキュリティ関連の規格として、TTP (信頼できる第三者機関：Trusted Third Party) のサービス、セキュリティ情報オブジェクト、侵入検知、タイムスタンプサービス、セキュリティプロセスマネジメント、システムセキュリティに関するプロセスアセスメントの国際規格が審議され、国際標準化を行うISOとIECの合同委員会 (ISO/IEC JTC1 SC27) から発行されている。また、NIST SP800-160 [28] には、システムズエンジニアリングと対比したセキュリティ・エンジニアリングが示されている。

1.3　セーフティとセキュリティ

1.3.1　セーフティとセキュリティの概念

英語のSafetyの意味は、安全、無事などであり、英語のSecurityは、安全、安心、防衛などを意味する。どちらも「安全」の意味を持つので、違いがよく

わからないという方も多いかもしれない。

　セキュリティとセーフティとの違いは、主としてセキュリティが「攻撃者」を想定している点にある。例えばテストの観点において、セーフティを問題にする場合には、システムに内在する要因や偶発的な要因がもととなる故障の発生に着目するのに対して、セキュリティを問題にする場合は、執拗にあらゆる脆弱性をついた攻撃を仕掛けてくる攻撃者の存在に着目する。

　また、両者の違いを「何を守るのか」という保護対象の観点で考えると、セーフティは人命、財産（家屋など）だが、情報セキュリティでは情報の「機密性、完全性、可用性など」になる。そして「何から守るのか」という原因の観点で考えると、セーフティは偶発的なミス、故障などの確率的に発生する危険に対する安全をさすのに対し、セキュリティは、主に人為的に行われる脅威に対する安全をさす。つまり、原因に悪意があるかどうかが大きな違いになる。

　本書では「何から守るのか」の観点で定義し、セーフティとは「偶発的なミス、故障などの悪意のない危険に対する安全」を示すのに対し、セキュリティとは、「悪意をもって行われる脅威に対しての安全」を示すこととする。またセーフティに関する要因は「ハザード」、セキュリティに関する要因を「脅威」と呼ばれる。

　インターネットを通じてモノがつながることは、あらゆるモノがセキュリティ上の脅威にさらされる危険性をもつこととなる。事業上取り扱う機器やシステムには、ソフトウェアの欠陥や脆弱性のように誤動作や第三者からの攻撃によりユーザの身体や財産に危害をもたらす要因が潜在する可能性がある。実際に危害が発生すれば、損害賠償や機器の回収、消費生活用製品安全法の製品事故情報報告・公表制度への対応などによりビジネスへの影響は多大となる。IoTでは、ハザードや脅威の被害が広範囲に広がり、企業のビジネスにとって重大なリスクとなり得るため、積極的な対応が必要である。そのため、安全・安心に使えるように、つながっている機器、システムを作り込み、品質を保証するための技術が必要とされてきている。

1.3.2　セーフティとセキュリティの特徴と違い

　セーフティとセキュリティの違いを参考文献[29]をもとにさまざまな観点で比較した結果を表1.2に示す。なお、ここでいうセキュリティとはITにおけるセキュリティであり、情報セキュリティとも捉えることができる。

表1.2　セーフティとセキュリティの違い

相違点	セーフティ	セキュリティ
保護対象の違い	人命、財産（家屋等）など	情報の機密性、完全性、可用性など
原因の違い	合理的に予見可能な誤使用、機器の機能不全	意図した攻撃
被害検知の違い	事故として表れるため、検知しやすい。	盗聴や侵入など、検知しにくい被害も多い。
発生頻度	発生確率として扱うことができる。	人の意図した攻撃のため確率的には扱えない。
対策タイミング	設計時のリスク分析・対策で対応	時間経過により新たな攻撃がなされるので継続的な分析・対策が必要
対策の仕方	網羅的で徹底した対処	ベスト・エフォート的対処
フォーカスポイント	ハードウェアまたは人中心	ソフトウェア中心
歴史的視点	長い歴史があり、多くの標準的で伝統的な分析方法が存在する。	コンピュータとインターネットの進化により考慮する必要性が生じた。
標準	Guide51の下、ドメインごとに標準があり、準拠が必須	情報セキュリティマネジメントシステム規格（ISMS）とITセキュリティ評価基準（CC）に代表される。
リスク分析・評価	FTA、FMEA、HAZOPなど、多くの従来手法がある。	アタックツリーやミスユースケースなどの脅威分析手法が考案されている。

　両者の保護対象の相違点はセーフティが人命、健康、財産などを保護するのに対し、ITセキュリティは情報資産である。原因はセーフティがミス、セキュリティは攻撃である。セーフティは、事故として現れるので被害検知がしやすいが、セキュリティは正規のソフトフェアやファイルになりすまし、ユーザに気づかれないように攻撃を仕掛ける「トロイの木馬」といわれるマルウェア（コンピュータウイルス）に代表されるように、ステレス性が高く検知しにくい場合が多い。セーフティは機器故障率などで発生確率を測れるが、セキュリティは人が意図した攻撃であるため、確率では測れない。

　対策タイミングは、セーフティは設計時のリスク分析・対策で作り込みを図るが、セキュリティは時間経過により時間経過により新たな攻撃がなされるので継続的な分析・対策が必要である。

　対策の仕方は、セーフティは人命にかかわり製造物責任を伴うため、網羅的で徹底した対処である。事故防止に最も成功し、商用航空など、事故の防止に最も力を注いできた業界では、包括的な安全工学的アプローチが適用されており、モデリングとハザード分析、安全性と障害耐性の設計、安全管理システ

ム、ヒューマンファクタエンジニアリングと人間中心の設計、運用中の安全プログラム、規制とライセンス、イベント報告システム、事故の調査と分析がなされている。

　一方、セキュリティはベスト・エフォート的対処であり、もぐら叩きのように新たな攻撃に伴う運用対処が中心である。もちろん、脅威分析、セキュリティ設計、脆弱性診断・管理などがなされているが、抜本的な対策が達成されているとはいい難い。セキュリティ上の対策は第4章に紹介している。セーフティの手法や対策は設計段階が主段階であり、セキュリティは運用段階が主段階になっている点が異なっている。

　フォーカスポイントとして、セーフティはハードウェアまたは人中心であり、この観点からシステム分析が実施されている。一方、セキュリティはソフトウェア中心である。この違いはセーフティとセキュリティに携わる専門家の壁となってきたと考えられ、セーフティとセキュリティの枠組みを考えるにあたり重要な観点となる。

　歴史的視点としてモノづくりの国、日本において、自動車、家電、医療機器などのセーフティにかかわっている方は多く、人の生命、健康に影響を及ぼすためセーフティは重要視され、長い歴史がある。セーフティは人のミス対応にはじまり、機械の故障対応、人と機械の協調対応へと対応の幅を広げてきた。

　一方、セキュリティはインターネットが一般に普及してきた2000年前後から注目され始め、インターネットを通じた攻撃の目的が、いたずらから金銭的利益へと変化するにつれて急速に重要分野となった。サイバー犯罪のブラックマーケットは年々巨大化しており、IoTをターゲットにした攻撃やAIを悪用した攻撃によって、さらに社会に深刻な影響を与えることも想定される。セーフティはインターネットでつながることにより、自動車や医療機器なども遠隔操作による攻撃を受け、人命を脅かすセキュリティの脅威に晒されるため、各メーカーも対応を進めている。

　双方の標準については前述しているが、セーフティは体系だった機能安全規格とドメインごとの標準があり、準拠が必須である。一方、セキュリティはISO 27000シリーズのマネジメント規格は浸透しているが、エンジニアリングとして重要な開発と設計に関するITセキュリティの国際規格（CC）[27] は、特定製品の認証実績に限られており、ITシステム全般への十分な普及はしていない。CCに関しては第5章に示す。

　従来のセーフティリスク分析技術には、FTA、FMEA、およびHAZOPが
あるが、これらの手法は、接続されたコンポーネント間の相互作用を分析する
方式ではない。そこで、本書ではシステムシステム（SoS：System of System）
またはモノのインターネット（IoT）の複雑なシステムに適用することを意図し
ている新たな安全理論STAMPを第2章に、レジリエンス・エンジニアリング
と手法を第3章に紹介している。セキュリティではアタックツリーやミスユー
スケースなどの脅威分析手法が考案されたが、これらも特定の相互作用を分析
する方式ではない。

　リスク評価については、ハザードや脅威の発生しやすさおよび被害の深刻度
から評価する方法がある。被害が深刻でも発生する確率がゼロに近ければリス
クは小さくなるが、軽微な被害でもネットワークを介して波及する場合にはリ
スクは大きくなる。安全性を高めるセーフティ機能はソフトウェアで制御され
るものが多いため、セキュリティ上の脅威がネットワークを通じて他の機器の
ソフトウェアに影響を与え、広範囲でセーフティ機能が誤動作を起こせば、リ
スクは測り知れない。インターネットとつながることよりハザードや脅威の被
害が広範囲に広がり、企業のビジネスにとって重大なリスクとなり得る。

1.3.3　事故とインシデント発生のメカニズム

　近年ITシステムは複雑化しており、その運用もシステム監視や構成管理、
保守など各種多様な作業がある。ミッションクリティカルなシステムではその
社会的影響は甚大人の生命や健康にかかわる障害も起こる。顧客から要求され
るレベルを遂行し続けるのは困難な業務で現場では大規模な障害にまで至らな
いものの小さな作業ミスは頻発事故やインシデント（セキュリティ上の望まし
くない事象）は現場では日常茶飯事である。

　事故やインシデントを防ぐには、発生メカニズムの理解が重要となる。

　複雑な人も組織も絡んだ社会技術システム構築において発生メカニズムを理
解するには、まずシステム全体を俯瞰的に可視化し、事故やインシデントを防
ぐ安全要件を抽出することである。そして、安全要件を満たす仕様を作り、こ
れを実装する。さらに運用でレジリエントに対処し続けることである。

　運用対処が必要になる理由はシステムに欠陥か脆弱性があるか、それを用い
る人がミスをするか、セキュリティ攻撃が起きるからである。そのため、その
事故やインシデントを引き起こす組織的背景、社会、自然環境的条件を考慮し

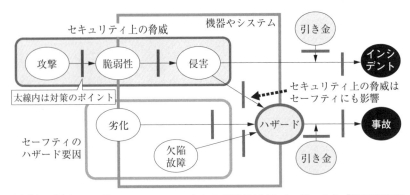

（出典）　英国RSSB「The Yellow Book」およびSESAMOプロジェクト「SECURITY AND SAFETY MODELLING FOR EMBEDDED SYSTEMS」をもとに作成

図1.4　事故とインシデント発生のメカニズム

対策を講じる必要がある。システムの欠陥か脆弱性は仕様のミスか、これを正しく実装できない場合により発生する。

　図1.4に示すように、セーフティ上のハザードは機器やシステムの欠陥、故障から生じ、セキュリティ上の脅威は脆弱性をついた攻撃から発生し、事故・インシデントにつながる[29]。セキュリティ上の脅威はセーフティのハザードにも影響している。また、機器やシステムの欠陥の多くや脆弱性は、ハードウェアではなくソフトウェアで発生し、主にコンピュータプログラムの誤りや欠陥を表すバグに起因する。

　そして、セキュリティにおける脆弱性は1.2.2項に前述したように、主として、ソフトウェアの不具合（バグ）である。

1.3.4　バグとコンピュータウイルス

　ソフトウェアにおけるセーフティとセキュリティにはバグが大きくかかわっている。バグとは、英語で「虫」の意が転じたもので、本来はソフトウェアの不具合（エラー）のことをさすが、現在ではエラーだけでなく、プログラムが作成者の意図した動きと違う動作をする原因を総称して「バグ」という。仕様書の内容に矛盾や間違いがあるものを「仕様書のバグ」という。

　また、プログラム上のバグは「バグ構文（Bug Structure）」と呼ぶのが正確である。人間が判断を誤り、エラーが発生させると、それをもとにコーディングしたシステムにバグ構文が発生する。不具合が表面化せず、プログラムの中

に潜んでいるものは「潜在バグ構文」である。

　現在主流のプログラミングの処理方式では、以下の対応を人が考えて実行しなければならないのでバグ構文を発生させやすい。

① 　個々の処理の実行順序を記述していくので処理順序を間違えやすい。

② 　すべてのデータ間の相互依存関係を明示するものがなく、人が相互依存関係の正否を判断するので間違えやすい。

③ 　プログラムの中で条件が数段階の多層構造になっている場合、数段階の条件を同時に考えつつ条件の成否による次の処理の番地を人が間違いなく指示することは難しい。

④ 　1つのデータに複数の定義が可能であり、直近に使用した定義によるデータが自動的に使われるため、意図と異なる処理をするプログラムとなり得る。

⑤ 　入力データの特性（量、値、タイプなど）の診断とその結果が不適切な場合の対応処理方法がプログラムされていないとプログラムトラブルを起こす。

⑥ 　複雑化、巨大化したシステムのプログラムはテストを部分的にしかできないのでバグ構文が必ず潜在する。

⑦ 　プログラムにおける欠陥（バグ構文）は、脆弱性を生み、コンピュータウイルスがつけいる原因となる。

つまり、バグ構文の存在がプログラムのセーフティとセキュリティにおける大きな課題となっている。

1.3.5　セーフティとセキュリティの対策

　セーフティとセキュリティの対策は、以下の3つに大きく分けられる。

【セーフティとセキュリティの対策】

① 　安全要件抽出

② 　識別した要件にあった仕様化と実装

③ 　検証、妥当性評価、運用

　「①安全要件抽出」に関しては、コンピュータシステムのハードウェアとソフトウェアの特性を吟味する必要がある。また、社会技術システム構築におけ

る人、組織、社会への相互の影響を踏まえた要件にするため、筆者は5階層モデル・システムアーキテクチャを提案している。これは1.4節に概要を紹介し、第5章にプロセス・事例を紹介する。

　システム理論にもとづく事故モデルSTAMPとリスク分析STPAとそのセキュリティへの応用は第2章に紹介し、第3章にレジリエンス・エンジニアリングを紹介する。これらは主に従来のセーフティが扱ってきた物理システムではなく、ソフトウェア、人、組織を含めたシステムを対象にした安全要件抽出である。ソフトウェアの要件は重要だからである。アシュアランスケースによるIoTセキュリティ脅威分析は第6章に、ソフトウェアであるAIが現状、抱えている安全要件をうまく実現できない課題は第7章に紹介する。

　「②識別した要件にあった仕様化と実装」に関しては、安全要件を機能として設計するIoT高信頼化機能要件を第6章に紹介する。プログラムにおけるバグとコンピュータウイルスへの対処は重要であり、研究を進めているが、本書では前項のバグ・脆弱性について、第4章にコンピュータウイルスの定義と関係性記述、セキュリティ設計・セキュアプログラミングなどの技術、第5章にCC-Caseの技術要素を簡単に紹介するにとどめる。

　「③検証、妥当性評価、運用」に関しては、標準準拠による保証を第5章に、アシュアランスケースによる論理的検証・妥当性確認を第6章で紹介する。運用に関しては、第2章のCAST [30] によるIT運用事例や第2章と第3章のサイバーセキュリティ・インシデント事例が参考になるだろう。

1.4　セーフティとセキュリティの統合

1.4.1　Society 5.0 と AI/IoT

　Society 5.0 [31] とは、サイバー空間（仮想空間）とフィジカル空間（現実空間）を高度に融合させたシステムにより、経済発展と社会的課題の解決を両立する、人間中心の社会（Society）をさす。それは狩猟社会（Society 1.0）、農耕社会（Society 2.0）、工業社会（Society 3.0）、情報社会（Society 4.0）に続く、新たな社会をさすもので、第5期科学技術基本計画において日本国がめざすべき未来社会の姿として初めて提唱された（図1.5）。

　Society 5.0 は、サイバー空間（仮想空間）とフィジカル空間（現実空間）を高度に融合させたシステムにより実現される。

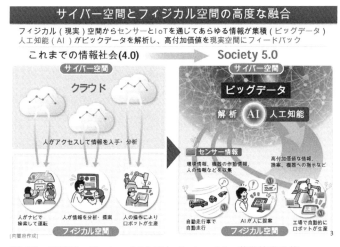

（出典）　内閣府：「Society 5.0とは」、Society 5.0、科学技術政策
https://www8.cao.go.jp/cstp/society5_0/society5_0-1.pdf

図1.5　Society 5.0と新たな価値創造

　これまでの情報社会（Society 4.0）では、人がサイバー空間に存在するクラウ
ドサービス（データベース）にインターネットを経由してアクセスして、情報
やデータを入手し、分析を行ってきたが、Society 5.0では、フィジカル空間の
センサーからの膨大な情報がサイバー空間に集積される。
　サイバー空間では、このビッグデータを人工知能（AI）が解析し、その解析
結果がフィジカル空間の人間にさまざまな形でフィードバックされる。
Society 5.0では、膨大なビッグデータを人間の能力を超えたAIが解析し、そ
の結果がロボットなどを通して人間にフィードバックされることで、これまで
にはできなかった新たな価値が産業や社会にもたらされることになる（図1.5）。
Society 5.0は人工知能（AI）、IoTなどの社会のあり方に影響を及ぼす先端技術
をあらゆる産業や社会生活に取り入れ、経済発展と社会的課題の解決を両立し
ていく新たな社会である。そしてその社会の実現に必要な新たな技術を含める
ことで、より複雑化したシステムに対して、最重要なセーフティ・セキュリテ
ィを確保する方法論が求められている。
　人工知能（AI）、IoTの社会への影響は大きい。そこで本書ではIoTのセーフ
ティとセキュリティに関しては第6章、AIに関しては第7章に解説する。

1.4.2　社会技術システムとソフトウェア工学

　人、プロセス、規制などの非技術的要素だけでなく、コンピュータ、ソフトウェア、その他の機器などの技術的コンポーネントを含むシステムは、社会技術システム（Sociotechnical System）[32] と呼ばれる。

　社会技術システムには、ハードウェア、ソフトウェア、人、組織が含まれる。社会技術システムは非常に複雑なので、システム全体を理解することは不可能である。したがって、それらをレイヤーとして表示する必要がある。社会技術システムのスタック[32] を図1.6に示す。

　ソフトウェアシステムは分離されたシステムではなく、人間、社会、または組織の目的を持つより広範なシステムの一部である。したがって、ソフトウェアエンジニアリングは孤立したアクティビティではなく、システムエンジニアリングの本質的な部分となる。また、図1.6に示すように、ソフトウェアエンジニアリングには、ビジネスプロセス、アプリケーションシステム、通信とデータ管理、オペレーティングシステムレイヤーが含まれ、システムエンジニアリングには、それらに加えて組織と機器も含まれる。しかし、社会だけがソフトウェアエンジニアリングやシステムエンジニアリングには含まれていない。複雑なシステムでは、社会を含めた階層にもとづくモデリングとその分析方法が必要である。

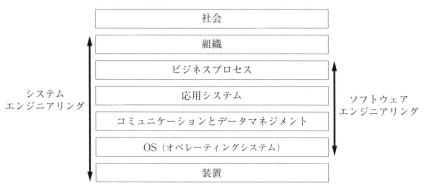

（出典）　Ian Sommerville：*Software Engineering-10ed*, Pearson Education Limited
　　　　https://www.oreilly.com/library/view/software-architecture-patterns/9781491971437/
　　　　ch01.html

図1.6　社会技術システムのスタック [32]

1.4.3　レイヤード・アーキテクチャ

コンピュータ通信、ソフトウェアは関心事を分離するためにレイヤーに分解して定義される。例えば、通信ネットワークのISO標準 (OSI参照モデル、表1.3) [33] では7層の分解を使用している。オープンシステムの相互接続モデルは、基礎となる内部構造やテクノロジーに関係なく、電気通信またはコンピューティングシステムの通信機能を特徴づけ、標準化する概念モデルである。その目標は、標準的な通信プロトコルを備えた多様な通信システムの相互運用性である。モデルは、通信システムを抽象化レイヤーに分割される。

N層アーキテクチャ [34] は、ソフトウェアに関するITシステムの典型的な層を説明するビジネスアーキテクチャである (図1.7)。プレゼンテーション、処理、およびデータ管理機能が論理的および物理的に分離されているソフトウェアエンジニアリングのクライアント/サーバアーキテクチャをさす。ほとんどのJavaEEアプリケーションの事実上の標準であるため、ほとんどの設計者、設計者、開発者に広く知られている。

表1.3　OSI参照モデル

層			PDU：(各レイヤーが扱うデータ単位)
ホスト層	7	アプリケーション層	データ
	6	プレゼンテーション層	
	5	セッション層	
	4	トランスポート層	セグメント
メディア層	3	ネットワーク層	パケット
	2	データリンク層	フレーム
	1	物理層	ビット

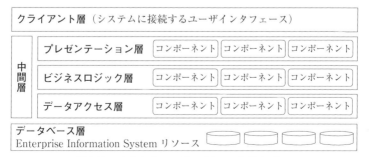

図1.7　ソフトウェアのN層アーキテクチャ

　階層化されたアーキテクチャは、従来のIT通信および組織構造と厳密に一致しているため、ほとんどのビジネスアプリケーション開発の取組みにおいて選択されることが多い。階層化されたアーキテクチャパターン内のコンポーネントは、水平方向のレイヤーに編成され、各レイヤーはアプリケーション内で特定の役割（プレゼンテーションやビジネスロジックなど）を実行する。

　N層アーキテクチャでは、パターン内に存在する必要があるレイヤーの数とタイプを指定していないが、ほとんどのレイヤード・アーキテクチャは、プレゼンテーション、ビジネスロジック、データアクセス、データベースの標準レイヤーで構成されている。

1.4.4　ソフトウェアとシステムのライフサイクルプロセス

　ソフトウェアライフサイクルプロセス（SLCP：Software Life Cycle Process）とは、ソフトウェアの企画・要件定義工程～保守・運用に到るまでの工程全体のことである。また、それらの工程について個々の作業内容、用語の意味などを標準化した枠組みをさす。

　1995年8月に国際標準化機構（ISO）によって策定されたISO/IEC 12207 [35] はSLCPの標準的なモデルを示しており、SLCPを構成する各工程や、個々の作業内容、用語の意味などを定義している。

　日本では、1996年7月にISO 12207を日本語化したものがJIS X 0160：1996としてJIS規格となっている。また、情報処理推進機構（IPA）がこれに日本独自の事情を織り込んだガイドラインである「SLCP-JCF」（Japan Common Frame：共通フレーム）[36] を策定している。共通フレームは、もともとはソフトウェアライフサイクルのプロセスを定義するものであったが、これに要件定義工程などが加えられ、さらにハードウェアを含むシステムへと拡張され、2,013版ではさらに範囲が拡大している。

　また、システムライフサイクルはISO/IEC/IEEE 15288 [37] が定めるプロセスの枠組みであり、ソフトウェアに関するプロセスは、システムの部分としてISO/IEC 12207（JIS X 0160）と統合、調和されている。

　これらの標準はソフトウェア、システム、サービス、ひいてはビジネスなど社会を構成する事業までもを構造的に構築していくための手順が提示されているため、サイバー空間（仮想空間）とフィジカル空間（現実空間）を高度に融合させたシステムの枠組みを考えるうえで参考となる。

1.4.5 STAMP S&S：5階層モデルと分析

　筆者は安全の視点でリスク分析を行うためにAI/IoT時代の複雑なシステムに対して相互作用に着目した事故モデルであるSTAMPとそのハザード分析手法であるSTPAや事故分析手法CASTに着目してきた。本書では、システム思考のセーフティ理論であるSTAMPとその分析手法について、第2章で解説する。

　また、筆者はシステム理論にもとづく安全性、リスク、事故分析などのさまざまな分析技術とその技術によるアーキテクチャをSTAMP S&Sと提唱している [38] [39] [40]。ここではSTAMP S&Sのレブソンが提唱したSTAMPとの違いをSTAMP S&Sの以下の3つの特徴により説明する。

【STAMP S&Sの3つの特徴】

① セーフティとセキュリティを統合的に扱うフレームワーク

② 事故モデルだけではなく、システムアーキテクチャである

③ 対象を広く5階層モデルで捉え、各層の属性に応じた分析結果を、その仕様や標準などの規則に反映させ、保証を可能にする。

　なお、STAMP S&Sのプロセスと具体的な事例は第5章に示すが、第2章で示すSTAMPをセキュリティに応用した事例もSTAMP S&Sに相当する。

(1) セーフティとセキュリティを統合的に扱うフレームワーク

　STAMP S&Sではコントロールストラクチャ図（CS図：control structure diagram）に描いた同じコントロールアクションとフィードバックに発生する創発特性としてセーフティとセキュリティを統合的に扱い、この相互作用とその影響を分析する。これにより、ハードウェアや人中心に実現されてきたセーフティの分析とITソフトウェアを中心になされてきたセキュリティの分析を統合的に実施する。

　なお、本書では詳細を論じないが、STAMPの分析対象属性はセーフティ・セキュリティだけでなく、プライバシー、保守性など他の品質属性でも実施可能であることを筆者は主張している [40]。

(2) 事故モデルだけではなく、システムアーキテクチャである

　STAMPはSystem Theoretic Accident Model and Processesの略称である

が、STAMP S&SはSystem Theoretic Architecture Model and Processesの略称である。つまり、STAMP S&SのAはAccidentではなく、Architectureを意味している。Accidentではなく、Architectureを意味する理由はSTAMPを事故モデルとプロセスとして用いるだけでなく、システムズエンジニアリングに必要な要件とプロセスのモデルとして拡張利用をするためである。

なお、システムアーキテクチャの定義の例は以下のとおりである。

【システムアーキテクチャの定義例】
- システムアーキテクチャはシステムの構成・動作原理を表している[41]。
- システムアーキテクチャには、システム構成要素（部品）レベルの詳細さで設計や実装を可能とするレベルの記述がなされている（IEEE 1471やTOGAF）。
- システムアーキテクチャには構成要素間の関係やシステム外の環境との関係が記述されている[42]。
- システムアーキテクチャは、要求仕様やシステムのライフサイクル全体を考慮している[43][44]。

STAMP S&Sは、コントロールストラクチャにより、システムの構成・動作原理を表し、5階層ごとにシステム構成要素（部品）をコンポーネントとしてもち、設計や実装を可能としている。また、相互作用により、構成要素間の関係やシステム外の環境との関係が記述され1.4.4項に示したライフサイクル規格に則り、要求仕様やシステムのライフサイクル全体を考慮しているため、システムアーキテクチャに相当する。

(3)　対象を広く5階層モデルで捉え、各層の属性に応じた分析結果を、その仕様や標準などの規則に反映させ、保証を可能にする

STAMP S&SのS&Sとは、セーフティ（Safety）、セキュリティ（Security）の他、ソフトウェア（Software）、システム（System）、サービス（Service）、ステークホルダー（Stakeholder）、社会（Society）、シナリオ（Scenario）、仕様（Specification）、標準（Standard）の略称をさす。ソフトウェア、システム、サービス、社会がそれぞれ、ソフトウェアライフサイクルプロセスに定められたソフトウェア、システム、業務（サービス）、組織・事業、社会の各階層に相

当するため、これらの略称を使用する。

　ソフトウェアはプログラム、サイバー情報、データ、AI（ML）、システムは
コンピュータシステム、ハードウェア、通信機器、半導体チップ、サービスは
人、サービス、および人と組織によって提供されるサービス、ステークホルダ
ーはビジネスプロセスなど企業や組織が責任を持つ単位、社会は社会環境・社
会生活（規則、基準、習慣）・自然環境（天候などの自然環境）を構成要素とす
ることを筆者が定義した。ソフトウェア、システム、サービス、ステークホル
ダー層で抽出される要件定義は仕様に相当し、社会層で抽出される要件定義は
標準に相当する。そしてその要件を出すためにはシナリオ分析が必要である
（図1.8）。またその要件定義の安全にかかわる属性がセーフティ、セキュリテ
ィに相当する。それゆえSTAMP S&Sは多様な機器やシステムだけでなく、
人や組織など多様なコンポーネントの相互作用を分析できるSTAMPの適用対
象の広さをベースにSociety 5.0の構想を支える社会技術システム（社会、サー
ビス、システム、ソフトウェアの各階層）でアーキテクチャの分析を行い、各
層における要件定義を実施することを意図している。

　つまり、STAMP S&SはSTAMPの各種分析方法などを、社会全体を捉えたシ
ステム思考により、広範囲に異なる階層において適用することでSTAMPの可能
性を引き出し、そのドメインや観点で適用した場合の課題を明確化しつつ効果を

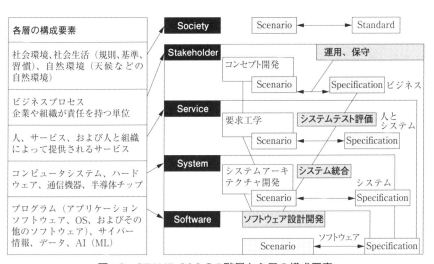

図1.8　STAMP S&Sの5階層と各層の構成要素

生むための調整を図り、その具体的な適用方法を確立することを目的としている。

　なお、筆者はSTAMP S&Sにおいて、レブソンの提示したSTAMPのコントロールストラクチャ（CS）図をシステム全体の構造を示すベースとして用いる。なぜなら、コントロールストラクチャ図には、世の中のものごとを成り立たせている要素を大変簡潔に相互作用として記載できるからである。

　コントロールストラクチャ図において、コンポーネントは機器、システム、人、組織にいたるまでおよそシステムを構成するあらゆる要素が対象になり得る。そのコンポーネントの性質はアルゴリズム、被コントロールコンポーネントの様相はプロセスで示す。人の場合はアルゴリズムをメンタルモデルとして捉える。さらにコントロールアクションは作用、アクチュエータで増幅する力用、センサーは情報を収集するフィードバックである。STPAなど分析手法で原因とそのきっかけとなった前提条件、結果として起こった事象を分析できる。また、全体を広く社会自体を1つのシステムと捉える抽象度の高いレイヤーから、IoTのようにシステム、機器が多様につながっており、環境や人も意識するレイヤー、AIも1つのコンポーネントとみなした1つのシステムや個別の機器のレイヤー、機器の中の各部品、ソフトウェアの中の機能にいたるまで、階層的に扱うことができ、なおかつ、それらを抽象度の高いレイヤーから関係性を追跡できるように捉えることができる。

　このように、物事の成り立ちに必要な要素とその関係性を非常にシンプルに可視化できることがSTAMP理論とその分析手法のメリットである。

1.4.6　セーフティとセキュリティの統合開発方法論

　セーフティとセキュリティを統合した枠組みは、双方の特性に応じて必要な要求事項をともにバランスよく抽出することが求められる。

　図1.9のように従来のSafetyはフォーカスポイントがハードウェアと人を中心とするシステム階層寄りであり、従来のSecurityのフォーカスポイントはソフトウェア寄りである。そのため、バランスをとる開発方法論を考えようとする人が少なかった。筆者は図1.10のようにセーフティとセキュリティがいずれの階層においてもバランスよく統合された枠組みをあるべき姿と考える。

　そして、IoT化の進展に伴いセーフティにおいては人とシステムの相互作用、ハザードの分析と対処ができることが必要である。前述のようにSTAMP S&Sはシステム思考の分析フレームワークであるが、分析の枠組だけで、

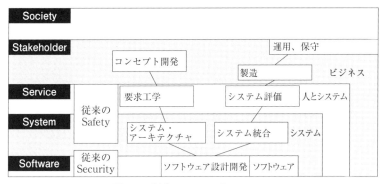

図1.9　従来のSafetyとSecurity

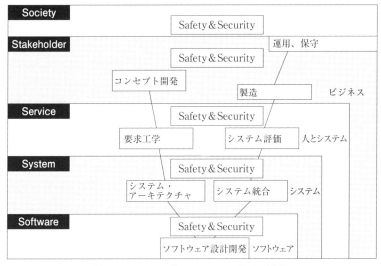

図1.10　SafetyとSecurityのあるべき姿

安全安心な社会技術システムの実現がなされるものではない。複雑なシステムにいかなる危険性（ハザード）があるのかを見出し、対処し続けていくためには、第3章に示すレジリエンス・エンジニアリングの思考方法と手法は重要である。また、第4章に示すセキュリティ・バイ・デザインの実現なくして、セキュリティの確立は難しい。また、第5章に示すCCなど各種安全性標準の有効利用と改善やアシュアランスも社会技術システムの安全性確立に必要である。さらにこれからの社会技術システムは第6章に示すIoTや第7章に示すAI

に対して安全安心を確保することが必須である。

　第5章に示すCC-Caseは筆者の提唱する安全安心なシステムを実現するためのセーフティ・セキュリティの統合開発方法論である。CC-Case[45]は本書に記述された上記のセーフティ・セキュリティ技術なども活用する。STAMP S&SはCC-Caseの技術要素に含まれ、CC-Caseのフレームワークと分析手法として位置づけられる。これらは筆者による先端研究であり、入門の域を超えているため、第5章に要点を包括的に解説する。

　本章では、ソフトウェア品質標準に即して、セーフティとセキュリティの特徴、技術、手法、標準などを紹介したうえで、筆者の考えるセーフティ＆セキュリティについて、5階層モデルを通じて解説した。筆者は本書のタイトルにあるように、「セーフティとセキュリティの統合された状態」を「＆」で表している。1.3.2項に示したように、セーフティとセキュリティは、異なる属性を有している。しかしながら、あえて、社会の仕組み自体をシステム理論的に捉え、階層的に対象を分けた。すると、階層の構成要素のうち、セーフティとセキュリティのどのような技術、手法、標準がこの構成要素をシステム化する際の課題解決に取り組んできているのか、どこが足りていないのかが見えてきた。

　その状態をさらに見極めながら、「セーフティ＆セキュリティの実現によって、現代のデジタル社会の課題に対処していく方策を考えたい」というのが筆者の研究である。そして、その課題解決のための前提知識解説のなされた「大きな地図」をめざしているのが本書である。

Column 1　ネットワークセキュリティのCIA

　インターネットの始まりは、1969年9月2日、ネットワークの中継ノードがカリフォルニア大学ロサンゼルス校のLeonard Kleinrock教授の研究室に配置され、ホストと接続しテストされたとき、またはスタンフォート研究所と接続して最初にデータが送られた10月29日だといわれる[46]。また、1974年、Vinton Cerf/Robert Kahnの論文に初登場し、「インターネット」という言葉は生まれた。創価大学の勅使河原可海名誉教授は、インターネット草創期よりネットワークの発展に寄与されてきた。

　ネットワークに対する脅威は、受動的攻撃として、以下のものがある。

【ネットワークに対する受動的攻撃】

① 　トラフィックの解析

② 　メッセージの解析（盗聴）

また、能動的な攻撃には以下のものがある。

【ネットワークに対する能動的攻撃】

③ 　メッセージの改ざん

④ 　不正アクセス（なりすまし）

⑤ 　通信の否認（事後否認）

それに対して、ネットワークのセキュリティの機能には以下のようなものががあげられる。

【ネットワークセキュリティの機能】

① 　通信状況の秘匿（パディングデータの挿入）

② 　通信メッセージの秘匿（暗号化）

③ 　通信メッセージの否認／改ざんからの保護（メッセージ認証）

④ 　不正アクセスからの保護（通信者の認証）

セキュリティの基本要件は、秘匿性（Confidentiality）として権限のない人に情報が漏れないように守ること、完全性（Integrity）として情報システム上で情報の生成から処理完了までを現実世界との矛盾がないように一致させておくこと（広義）、権限のない人が情報を変更しないように守ること（狭義）、可用性（Availability）として権限のある人がシステムを何時でも利用可能な情報に維持することの3つで、セキュリティのCIAと呼ばれる。

　脆弱性にはソフトウェア依存やハードウェア依存などさまざまな種類のものがある。代表的な例としては、クロスサイト・スクリプティングやSQLインジェクション、ディレクトリトラバーサルなどである。新たに発覚した脆弱性を利用するゼロデイアタックもあるので、ウイルス対策ソフトの定義ファイルやソフトウェアのバージョンの更新には細心の注意を払う必要がある。

第2章

システム理論とSTAMP

　システム理論は今日のコンピュータシステムを生み出すもとになった理論とされる。本格的なコンピュータなどない時代に生まれた世のあらゆる事象をシステムとして捉え、世の中の課題に取り組むための理論である。そしてナンシー・レブソン（Nancy Leveson）教授はこれをセーフティに適用し、「システム理論にもとづく事故モデル（STAMP）」を提唱した。STAMPにおける要はハザードである。事故が起きる前に自分が制御できる危険な状態を把握することを重視している。最初に彼女にお会いしたときに著書にサインをもらった。その言葉は「ハザードをあなたの指針に（Let the hazards be your guide.）」であった。

　本章では、システムと各理論の考え方、モデルと安全理論の考え方について紹介したうえで、STAMPとそのハザードを洗い出す手法STPA[1-12]、事故を分析する手法CAST[1-30]について解説する。

2.1　システム理論

2.1.1　システムとは？

⑴　一般システム理論

　1945年、生物学者のルートヴィヒ・フォン・ベルタランフィ（Ludwig von Bertalanffy）が「一般システム理論（General system theory）」[1]を発表した。一般システム理論とは、「工学上の問題と要求をはるかに超えた広い見方」であり、「科学一般で、物理学、生物学から行動科学、社会科学、さらには哲学にいたるすべての領域でも必要になってきた一つの編成変えを示す」[1]、パラダイムシフトであるとされる。一般システム理論には内容的には分けられないが目的において区別できる、①システム科学と②システム工学、③システム哲学の三つの主要な側面があるので、以下にこの3つの概要を示す。

①　システム科学は、前述したようないろいろな科学の分野で観察される世界の要素を　単離しようとしてきた従来の科学的思考に対して、「要素の理解だけでなく、要素間の相互作用の理解の必要性」を示してきた。全く異なるシステムに内在する「同型性」に着目し、形而上学的概念であった「全体性」を「システム」として、科学的に研究するようになった。

②　システム工学は、コンピュータなどの「ハードウェア」と新しい理論展開、体系、などの「ソフトウェア」の両方を結びつける。現代の技術と社会は複雑であるため、全体的、学際的アプローチが必要であり、どの程度まで科学的制御ができるかは、多数の「変数」の相互関係の問題であるので、本質的に「システム」の問題であるとする。

③　システム哲学は、「思考と世界観の改変」であり、本質的に、A.システム本体論、B.システム認識論、C.人間と世界の関係の三部分に分かれる。A.システム本体論とは、「システムがどんなふうに定義され記述されるべきかの問題」であり、ものとして観察されうる「実在システム」、論理学、数学のような「概念システム」、その下位クラスである「抽象システム」に分けられる。B.システム認識論は、「知るものと知られるものの間の相互作用であり、これは生物的、心理的、文化的、言語的、などの性質をもつ多数の要因に依存するもの」である。C.人間と世界の関係は、「価値」であり、科学とヒューマニティ、自然科学と社会科学のような「対立の間に橋をかけるのに好適な状況」をさす。

ベルタランフィは、生物学者であり、生物体は閉鎖システムではなく、開放システムであり、閉鎖システムの中で過程を考察し、諸公式を適用する物理化学とは異なるとしている。そして、非線形である生命事象に対して機械物の扱いをすることに疑念をもち、生命事象の相互作用をモデル化している。さらに、無生物、生物、精神過程、社会課程は、すべて「システム」という同型の形で捉えることができると述べた。つまり、「システム」という学問としての物理学、数学、医学、生物学などの諸科学、工学と哲学を捉えた広大な見方で普遍的な対象の捉え方をめざしているのがシステム理論なのである[1]。

今日、多くの人がシステムという言葉を気軽に使っているが、システム理論によって初めて完全な形でシステム（system）という概念は生まれたことになる。筆者自身も、一般システム理論が、世の中のすべての事象を全体性によってみる見方であることを知り、驚きと新鮮な魅力を感じている。

⑵　システム

　筆者は、システムエンジニアという職業を長年、続けてきたが、お恥ずかしい話だが、「システムとは何か、システム工学とは何か」を真剣に考えたのは最近のことである。それほど、システム自体は世に浸透している。

　一般システム理論では、システムを全体として捉える、そのため、システムを1つひとつの機能やコンポーネントとして捉えるデカルト的な還元主義の対極に位置する。筆者は一般システム理論と同様に、システムを捉えようとしており、システムは機能の寄せ集めではなく、システムを統合し、全体として成り立たせる「仕組み」であると考えている。

　システムとは、まとまりや仕組みの全体をさす一般性の高い概念であり、ひと言でいえば、ものごとを捉える「仕組み」となる。システムは、状況に応じて系、体系、制度、方式、機構、組織といった多種の要素の「仕組み」自体に相当する。システムというと、コンピュータシステムがすぐに思い浮かぶが、人という要素が相互作用することで成り立っている家庭や職場、地域といった「社会」もシステムである。システムの構成要素はそれぞれ、他の要素と相互作用をもって成り立っている。各要素間はつながっているが、環境やシステムの多要素から分離すれば異なる振る舞いをする。

　レブソンは、システムとは、「共通の目的や目標を達成するために全体として作用する一連のもの（システムコンポーネントと呼ばれる）」であり、「抽象化されたもの、すなわちそのシステムを見る人が捉えたモデル」であるとしている。「目的」はシステムという概念の基本であり、考慮するシステムの「目的」を必ず特定する必要がある。例えば、スマートフォン、自動車、コンピュータはシステムの潜在的部品ではあるが、目的をもって、個々のものを一緒に考えてはじめてシステムとなる。従って、システムのコンポーネントが相互依存関係にあるか、接続されていることのみを条件とする他の定義には否定的である。また、「システムは原子的」であるため、相互作用が直接的か間接的かにかかわらず、コンポーネント間で相互作用の関係を持つコンポーネントに分けることができる。間接的相互作用の場合は、「システムの目的のみの接続、および、さまざまなタイプの間接的な相互依存関係を含む」としている。

　システム工学（システムエンジニアリング）の世界的な団体INCOSEは、システムを「目的を成し遂げるための、相互に作用する要素を組み合わせたもの」と定義している。

　前述のシステム理論などにおけるシステムの特徴は、下記のように整理できる。

【システム理論におけるシステムの特徴】
- システムは原子的であり、相互作用している要素からなる。
- システムは目的を定義でき、目的に向けて形成される。
- 1つのシステムの中には相互に作用しあいながら調和する複数の下位システムが存在し、全体としてまとまった存在をなしている。

　また、システマティックとシステミックという言葉がある。この違いを簡単に説明すると、システマティックは、システムを要素還元論的に分解して理解するとともに、分解された要素を再構成してシステム全体も理解するという意味になる。システミックは、システム全体を複雑系として、要素分解せず、俯瞰的に、体系的に捉える思考になる。

　システムを安全安心に構築するという本書の立場から考えると、システムはコンピュータシステムを構成する機械物のように線形で成り立つものもあるが、構成要素には組織、人、自然現象、ソフトウェアといった非線形でしか捉えられない要素が多く、これらの相互作用を以下に的確に捉え、非安全な状態、損失をなくしていくかが問われることになる。そのため、システムの目的を考慮し、その要素を1つの物理または論理の原子として的確に捉え、その状態の相互作用と環境との条件を分析して、安全なシステムとすることが重要である。

(3)　システム思考

　システム思考 (systems thinking) は、ベルランフィの一般システム理論の他、第2次世界大戦後にノーバート・ウィーナー (Norbert Wiener) が提唱したサイバネティックス (Cybernetics) [2] に至る広範な起源に由来する。サイバネティックスは「制御できる変量と調節できる変量がある場合、制御できない変量の過去から現在にいたるまでの値にもとづいて、調節できる変量の値を適当に定め、最も都合のよい状況をもたらせ、達成する方法」とされている。近年、サイバー攻撃、サイバー犯罪など接頭辞として汎用される「サイバー」は、サイバネティックスに由来する。なお、ベルランフィは、「ウィーナーは、

サイバネティックスやフィードバックや情報の概念を工学の分野をはるかに超えて生物学や社会学の領域にまで一般化した」が、「サイバネティックスは技術や自然における制御機構の理論である、情報とフィードバックの概念をもとにしてたてられたものであって、システムの一般理論の一部分にすぎない」[1]としており、自己制御を示すシステムの特別な一例であるサイバネティックスをシステム理論と同一視することは誤りだとした。また、レブソンによると、システム思考は、「システム理論の原則を適用するときに人々が何をしているかを記述するためによく使われる用語」である。

　システム思考とは、「システムコンポーネント(ハードウェア、ソフトウェア、人間、管理、規制監視など)が時間の経過とともにどのように相互に関連し、動作するかに焦点を当てた分析と課題解決のアプローチ」であろうと筆者は思っている。真の問題や課題を「システムとして捉える」とは事象を体系的、全体的に見ることであり、事象の要素細部を見るのではなく、そのつながりや相互作用に着目し全体的に見ることをさす。「木を見て森を見ず」という言葉があるが、「木も見て森も見る」のがシステム思考である。さらに空間の俯瞰、時間の俯瞰、意味の俯瞰の3つの俯瞰を進めてシステムを捉える[3]。そのうえで、システム思考はそのシステムの構造や諸関係を確認し「情報」のやりとりをしながら、その「情報」の流れによって「システム」を「制御」することにより、課題解決を図ろうという考え方である。

　システム理論の1つの側面として、システム工学が挙げられている[1]。システム工学は、20世紀後半から発展してきたコンピュータシステムの工学分野である。そして、システム工学でシステム思考を捉えると、システムを設計、構築、運行、維持するために使われ、問題となっている対象を、構造を持ったシステムとして捉え、問題解決を行うアプローチといえる。つまりは、システム全体の目的を明示化し、システムの構成要素の相互のつながりと関係づけてシステムの設計を行うことをさす。

　安全設計においては、システム全体の目的は事故を防ぐことであり、そのための防護策をシステムの構造の中に組み込むことが必要になる。このように、「広くシステム全体を捉えて、問題解決の取組みをすることが重要である」と考え、筆者は第1章で示したSTAMP S&Sを、セーフティやセキュリティなどの属性の相互作用の分析や取組み自体として提示している。

⑷　複雑性理論

　一方、複雑性理論は1960年代にシステム理論やその他の概念から生まれた。

　ウォーレン・ウィーバー（Warren Weaver）は複雑性とは、「システムの部品毎の属性が与えられたとき、システム全体の属性を予測する困難さの度合い」であるとし、複雑性を組織化されるものとされないものに大別し、組織化されていない複雑性の源は、システムの部品数が膨大で、システム内の要素間の相関が欠如していることとした [4]。

　ハーバード・A・サイモンは、複雑性への関心は、第1次大戦後に、全体論という用語が初めて用いられ、「複雑なシステムに全体論を適用すると、新たなシステム特性や、システムの構成要素には存在しないサブシステム間の関係といったものを仮定しなければならない。したがって、全体論においては、創発（emergence）という創造的な原理を必要とするが、創発を機械的に説明することは認められないからである。」 [5] としている。

　複雑性への関心は、第1次大戦後に、「複雑なシステムに全体論を適用すると、新たなシステム特性や、システムの構成要素には存在しないサブシステム間の関係といったものを仮定しなければならない」 [5] という考えと、機械的には説明できない創発（emergence）という創造的な原理が生まれた。さらに、第2次大戦後に、「情報」、「フィードバック」の概念が生まれ、前述のシステム理論やサイバネティックスが出現した。さらに、その後は複雑性を説明したり、解析したりする手段に関心が向けられ、カオス、適用システム、遺伝アルゴリズム、セルラーオートマトンなどが複雑性をうむメカニズムが探求されてきた [5]。カオス的なシステムとは、「決定論的動的システムであり、初期状態がわずかでも変化したら、一挙に軌道を違えてしまう」システム [5] である。

　さらに、サイモンは複雑性なシステムとは、「多様に関連し合う複数の部分から成り立つシステム」であり、複雑なシステムがしばしば「階層的な形態」をとり、「階層的なシステムのほうが、同規模の非階層的システムに比べ、はるかに短時間で形成される」とし、「複雑なシステムについての重要な理論をうちたてる1つの道は、階層の理論によるものである」と述べている [5]。筆者が、STAMP　S&Sで5階層モデルをとるのもこのように複雑なシステムは階層の理論を必要としているからである。

　システム理論と複雑性理論を比較すると、両者は共に「出現、階層、コミュニケーション、コントロール」の基本的な要素と「フィードバック制御とフィ

ードフォワード制御、適応性、非線形相互作用、制約」の概念を含んでおり、還元主義（reductionism）または分解を拒んでいる。しかし、複雑性理論は「自然システムを記述するために生み出され一見独立したエージェントが、我々がまだ完全に理解していない自然法則を使用して自分自身を自発的に順序付けし、また一貫したシステムに順序変更すること」に用いられるが、システム理論は「基本的な設計は既知であり、変更はコントロールされている人工的に構築・設計されたシステムにより適している」とされる[1-30]。レブソンは、「システム理論は設計されたシステムに最も適しているが、複雑性理論は、天気などの設計が不明な自然システムや、設計がなされておらず秩序が欠如していて、創発した動作を予測することが困難あるいは不可能な、コミュニティなどの社会システムに最も適している」[1-30]としている。

　また、システム理論は「すべてのシステムを創発した動作を表すもの」として捉えているが、複雑性理論は「システムを単純（Simple）、込み入った（Complicated）、複雑（Complex）、カオス（Chaotic）の4つのタイプ」に、出現の度合いなどによって分けられる[1-30]。

　STAMPの基礎としてはシステム理論が選択されており、レジリエンス・エンジニアリングは複雑性理論の流れをくむ。そのため、形成するモデルも分析の方法もシステム理論と複雑性理論の特徴を明らかに反映している。両者の優劣が議論されることは多いが、モデルも分析方法も基本原理が異なる。STAMPは、複雑性理論よりも理解し使用するのが容易であるシステム理論にもとづき、安全性およびシステムのその他の創発特性を向上させるという工学の目的を達成する。他方、FRAMも含め、複雑性理論は、設計はできないが、しかし発生したときに経験と学習を行わなければならないような動作を扱う。

　本章では、STAMPの略号にある「Systems-Theoretic」の意味を具体的な事例を通じて、もう一度考え直してみたい。この中で、特に焦点を当てるのは、複雑システムの安全は誰がどうやって確保するのかという方法論（安全設計のあり方）である。

2.1.2　モデルとは？

　モデルという言葉はシステム分析やシステム設計や機械学習で多用される。システム設計においてモデルとは、現実世界の対象物を、ある目的で捨象し、その目的下で扱いやすくした抽象物をさす。

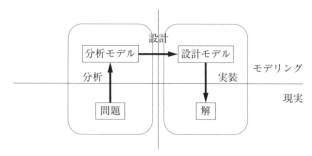

（出典）　IPA：『はじめてのSTAMP/STPA（活動編）』（2018年）、p.56をもとに作成

図2.1　モデルの役割

　現実世界は多くの場合複雑である。図2.1のように、人間が複雑な問題を扱う場合、着目する「目的」に応じて、不要な情報を意図的に捨て去って（捨象）、本質情報を単純化して表出させる（抽象）ことで、その目的に人間の知的活動の焦点を絞ることができるようになる。ここで「抽象」と「捨象」はちょうど作用と反作用のような関係になっている。問題領域においては、問題を分析して分析モデルを作り、これを設計する。解領域においては、設計モデルを実装し、現実領域で解を得るのである。

　システムを分析・設計するうえでよく使われるモデルをカテゴリ化（図2.2）すると、自然現象は数学、社会環境は法律など、組織はビジネスプロセス、人はヒューマンファクターなどでモデル化されている。システムはIoTとして階層的（SoS）に捉えることができ、制御と情報のシステムがかかわっている。

　制御はCADなど、ソフトウェアはUMLなどでモデリングされる。一方、STAMP、FRAMはセーフティの分析モデリングである。サイバーセキュリティやAIは物性をもたないソフトウェア領域でのモデリングを必要としているため、筆者はセーフティ分析モデリングのセキュリティ適用を実施してきた。

2.1.3　Safety 1.0と2.0と安全理論 Safety-I、Ⅱ、Ⅲ

　図2.3縦軸のSafety 2.0 [8]は日本発の取組みであり、Safety 0.0は、「安全第一」「指差喚呼（指さし確認）」など人間の注意力の覚醒に期待して、安全を確保しようとするものであったのに対し、Safety 1.0「本質制御」はシステムを構成するうえで必須とされる要素同士が、相互に情報交換を行い、必要とされる機能を実現する形態であり、Safety 2.0は、IoTの利点を生かし、人とモノ

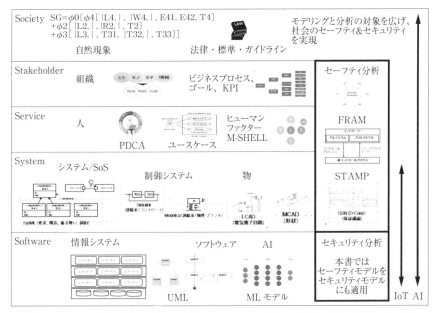

図2.2 いろいろなモデルとセーフティ・セキュリティ分析、AI/IoTの位置づけ

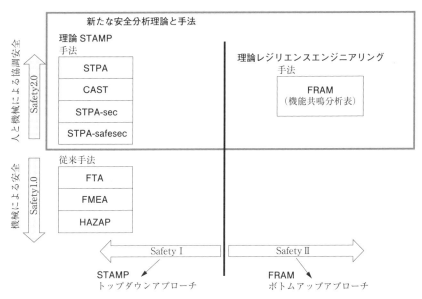

図2.3 新たな安全分析理論と手法

と環境が相互に情報交換を行い、複雑システムで協調安全をめざしている。

　図2.3（p.43）の横軸は世界の安全性理論の潮流をSafety-IとSafety-Ⅱ[6]で示している。Safety-Iは個々のコンポーネント自体の安全方策（左下領域）から、システム全体の安全方策（左上領域）の必要性が生じている。これをトップダウンアプローチで実施するのが、本章で記すSTAMPである。

　さらに、ホルナゲルはSafety-Iとは、うまくいかなくなることの可能性を取り除く安全方策であり、Safety-Ⅱとはうまくいくことの理由を調べ、それが起こる可能性を増大させる方策としてレジリエンス・エンジニアリングを提唱した。STAMPは損失を防ぐために制御構造に着目したトップダウンアプローチをとり、レジリエンス・エンジニアリングは、機能に着目したボトムアップアプローチを主流としている。また、レブソンはSafety-Ⅱに対抗し、Safety-Ⅲ[7]も提唱している。

　STAMPは、システム理論にもとづく事故モデルであり、2.1.1項に示したように、システム理論の対象は世の中のすべての事象を範疇にしており、広大である。その意味でもSafety-Ⅱを含意せず、Safety-Iに留まるという考えはレブソンには受け入れられない。誰もがSafety-Iを実行するが、Safety-Ⅱを実行するほうがよいだろう。しかし、問題は、ほとんどの場合、誰もSafety-Iを実行しておらず、本当はすでにSafety-Ⅱを実行している。最も重要なことは、Safety-ⅡとSafety-Ⅱだけが選択肢ではなく、今日の安全工学でほぼ普遍的に行われ、少なくとも70年間行われているのは3番目に選択枝である。さらにSafety-Ⅲという4番目の選択枝に「STAMPと呼ばれるシステム理論にもとづく事故因果関係の新しいモデルとSTAMPにもとづく新しい分析および設計ツールが含まれる」と主張している。

　つまり、STAMPはSafety-Ⅱや安全工学で既に実施されている方法を超えたSafety-Ⅲであり、システム理論にもとづいていることをレブソンは強調している。Safety-Ⅲはライフサイクル全体に及ぶが、システムコンセプト定義の最初から安全性を設計に焦点を当てており、Safety-Ⅲには、「高度な安全管理の設計が含まれている」としている。

2.1.4　STAMP S＆Sとシステム理論・アーキテクチャモデル

　第1章で述べたように、筆者が提唱しているSTAMP S&Sは、レブソンのSTAMP理論と同様、システム理論にもとづく。ただし、セーフティとセキュ

リティをはじめとするトラストワーシネスを実現するためには、STAMP S&S
は事故モデルだけでなく、アーークテクチャモデルとして捉えるべきだと考えて
いる。それが、前述のように事象をシステムとして捉える一般システム理論に
もとづいたシステムのあるべき姿である。この広大さをコンピュータシステム
で捉えるために、コンピュータ（ハードウェアとソフトウェア）と人、組織、
社会（社会規範、自然現象）との相互作用を捉えようとする5階層モデルになっ
たのである。さらに、「そのシステムを仕組みとして捉え、捉えたアーキテク
チャがどのような処理を行い、アウトプットを出していくべきか」について
は、第5章で簡単に述べる。

　また、STAMP S&Sは事故モデルではなく、アーキテクチャモデルなので、
ゴールは損失だけではなく、うまくいくことも対象にする。作り上げるシステ
ム自体の要件は損失を防ぐことという非機能要件だけではなく、顧客など、シ
ステムを利用する相手が必要としている要件を満たすことがゴールだからであ
る。そのため、レジリエンス・エンジニアリングの考え方もSTAMP S&Sの
範疇に入る。そこで、レジリエンス・エンジニアリングはSTAMP S&Sは
STAMP同様、Safety-Ⅲに位置づけられ、全体にかかわることになる。

2.2　システム理論にもとづく事故モデルSTAMP

2.2.1　STAMP出現の背景

　新たなシステムの基幹を担う要素がソフトウェア中心に変化しており、シス
テム相互間のコミュニケーションミスによるシステム障害が増加し、想定外の
原因でのトラブルがなくならない事態が発生している。安全対策をしていても
事故を防げない現状から、複雑化したシステムに対応した新しい解析手法・事
故モデルが必要となっている。

　現在のセーフティ分析手法が確立されたのは1940年代から1970年代にかけ
てである。その後コンピュータシステムはハードウェア主体からIoT時代へ以
下のようなパラダイムシフトが起きている（図2.4）。ハードウェア主体の従来
のセーフティ技法は個別視点の分析に留まり、全体観に立った原因分析が充分
にできていないという課題を抱えている。

　そこで下記の対応可能性が求められている。

　◆複数の機器や組織（人間）が、相互作用を行う複雑なシステムにおいて、

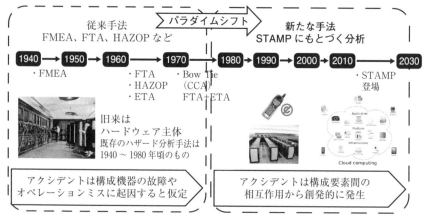

（出典）　Nancy G. Leveson：“Introduction to STAMP”、http://psas.scripts.mit.edu/home/
wp-content/uploads/2020/07/STAMP-Tutorial.pdfをもとに作成

図2.4　ハザード分析手法のパラダイムシフト

相互作用のハザード要因を識別可能にする。

◆システム全体の振る舞いを確認しつつポイントを絞って分析可能にする。

◆同種の原因によるトラブル再発防止を可能にする。

2.2.2　事故の分類とソフトウェアの特徴

　現在の事故は下記のコンポーネント故障事故とコンポーネント相互作用事故
の2つのタイプに分けられる。コンポーネント故障事故の特徴は、単一／複数
コンポーネント故障であり、通常ランダム故障と見做す。一方、コンポーネン
ト相互作用事故はコンポーネント間の相互作用から発生し、相互作用とダイナ
ミックな複雑さに関連している。

　新たなシステムの基幹を担っているソフトウェアは以下の特徴をもつ。

【ソフトウェアの特徴】

① 　ソフトウェアは物理事象を抽象化して概念として設計しており、ソフ
　　トウェアは“故障”はせず、純粋に設計そのものである。

② 　ソフトウェアが主要な役割を果たすシステムの事故の殆どには誤った
　　要求仕様がある。しかし、ソフトウェアを修正しようとする試みや高信
　　頼にしようとする試みは殆どシステムの安全の向上に寄与していない。

---

③ ソフトウェアはそれ自身どこまででも大規模・複合化・複雑化可能であり、すべての望ましくないシステムの挙動を防ぐことや設計エラーをテストで駆除することはもはや無理である。

④ ソフトウェアはシステムにおける人間の役割を変化させ、事件や事故の原因になっている。操作員の失敗に対し、現状、多くの企業は警告・再教育・解雇、より自動化することで操作員の役割を限定、さらに規則や手順を増やして操作員の作業を厳格化などの対処を行うことが多い。

2.2.3 安全性と信頼性

安全性と信頼性に関して、故障を含むシナリオ（＝信頼性の問題）と不安全のシナリオ（＝安全性の問題）がある。故障を含むシナリオは低信頼性だが、安全である。例えば、ときどき加速しない現象が起きるが、急加速はしない電動アシスト自転車は安全である。一方、不安全のシナリオは不安全だが、信頼性はある。例えば、急加速する電動アシスト自転車は安全ではないが、信頼性はある。

安全を考えるときにコンポーネントや機能の故障を防ぐだけでは不十分である。今まで考えてこなかった不安全のシナリオを作る必要がある。そしてめざすべきなのは信頼性が高く、かつ安全な状態である（図2.5）。

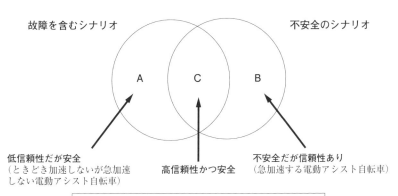

（出典） Nancy G. Leveson：“Introduction to STAMP”、http://psas.scripts.mit.edu/home/wp-content/uploads/2020/07/STAMP-Tutorial.pdfをもとに作成

図2.5 セーフティと信頼性の違い

（左図出典）　Nancy G. Leveson：“Introduction to STAMP”、http://psas.scripts.mit.edu/ home/wp-content/uploads/2020/07/STAMP-Tutorial.pdf をもとに作成
（右図出典）　ジェームズ リーズン著、塩見弘 監訳、高野研一、佐相邦英 訳：『組織事故』、 日科技連出版社、1999年

図2.6　ドミノモデルとスイスチーズモデル

2.2.4　従来の安全モデル

　従来の代表的安全モデルは、図2.6のドミノモデルとスイスチーズモデルである。一連の因果関係（以下の原因）はドミノモデルと呼ばれ、このドミノ倒しのどこかに手をかざせば事故を回避できる。事故分析の各手法はこの原因分析の考え方を用いている。スイスチーズモデルは、穴が重なると事故となり予見される状態をさし、個々の穴を塞ぐことで対処される。防御壁の漏れはチーズの穴のようなものであると考える。従来の安全分析手法（フォルトツリー分析[1-9]、FMEA[1-10]、HAZOP[1-11]、など）の基礎となっている。セキュリティインシデントの分析方法も、ドミノモデルまたはスイスチーズモデルで事故が発生する理由に関する仮定にもとづいて構築されている。例えば、セキュリティ対策で用いられるファイアウォールは、インターネットを通して侵入してくる不正なアクセスを守るための多重の防御壁だが、これはスイスチーズモデルがベースになっている。

2.2.5　STAMPモデルと創発特性

　STAMPはシステム理論にもとづく事故モデル（System Theoretic Accident Model and Processes）という新たなモデルである。STAMPモデルは創発特性を「事故を起こす起因」と捉えている。

　創発特性とは、個々のコンポーネントの総和ではなく、コンポーネントが相互作用するときに「創発（emergence）」する特性である。

　創発とは、部分の性質の単純な総和にとどまらない性質が、全体として現れることである。局所的な複数の相互作用が複雑に組織化することで、個別の要素の

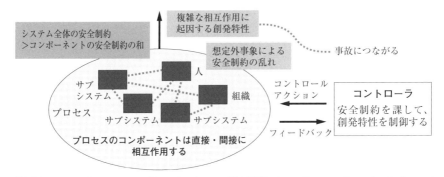

（出典）　Nancy G. Leveson：“Introduction to STAMP”、http://psas.scripts.mit.edu/home/
wp-content/uploads/2020/07/STAMP-Tutorial.pdf をもとに作成

図2.7　相互作用モデル

振る舞いからは予測できないようなシステムが構成されることを創発という。
　創発特性で重要なのは、それが生まれるためには、部分である構成要素（コンポーネント）の相互作用が不可欠だということである（図2.7）。構成要素がバラバラに機能していては、創発は生じない。創発特性は、システムの部品同士がどのように相互作用し調和するのかという関係によって生じるのである。また、安全性だけでなく、セキュリティ、プライバシー、保守性や運用性なども創発特性である。STAMPはいかなる創発特性にも適用できるため、STPAは、サイバーセキュリティも含む、いかなるシステム特性にも使用可能である。

2.2.6　STAMPの関連手法

　STAMPはシステム理論にもとづく事故モデルであり、STPAはSTAMPモデルにもとづく代表的な手法として、ハザード分析を行うものである。STAMPは、「システム事故の多くは、構成要素の故障ではなく、システムの中で安全のための制御を行う要素（制御要素と被制御要素）の相互作用が働かないことによって起きる」ことを前提として、「要素（コンポーネント）」と「相互作用（コントロールアクション）」に着目してメカニズムを説明する。「アクションが働かない原因」が「コントロールアクションの不適切な作用」に等しいという視点を持つことで、STAMPは原因を有限化している。
　STAMPにもとづく分析の道具立てプロセスとして、仕様記述、安全性ガイド設計、設計原理などのシステム工学、リスク管理の運用、管理の原則／組織

設計の規制を利用する。

　手法にはSTAMPモデルにもとづき、事故／イベント分析(CAST：Causal Analysis based on STAMP)、ハザード分析(STPA)、早期概念分析(STECA：Systems-Theoretic Early Concept Analysis)、組織的／文化的リスク分析、先行指標識別、セキュリティ分析(STPA-Sec)が提示されている。事故／イベント分析(CAST)は事故が起きてからイベントとして分析する手法、STPA-Sec [9] [10]はそのセキュリティ版である。STPAにおいては、セーフティとセキュリティを統合する手法としてはSTPA-SafeSecが提案されている [11]。また、筆者はコントロールストラクチャ図に脅威分析を適用した事例 [12] [13] [14] なども提案してきた。STAMPでセキュリティを考える上での最大の課題や問題というのは、事故モデルに限定されているため、物理的な事故は扱えるが、ソフトウェアのみに絞った詳細な分析が不明な点である。さらにコンポーネント間の相互作用は、プライバシー、メンタビリティなどの特性も統合的に分析できるとされるが、その実現性が明確化されていない。

2.2.7　コストパフォーマンス

　STAMPの分析手法はコストパフォーマンスが高く、また、特別なドメイン知識がなくても分析できる。また、適用領域も広い。さらにこれを拡張利用することで、IT分野でもマネジメントや社会環境の分析も可能です。また、サイバーセキュリティ・インシデントや脅威分析に適している。

　測定結果によると、STPAは従来の技術よりも桁違いに少ないリソースしか必要としないことを示している。STPAを使用することで大幅なコスト削減した企業からの発表がMITのSTAMPワークショップではなされている。

2.2.8　海外の普及状況

　欧米では宇宙、航空、鉄道など大規模インフラの安全設計や事故分析へのSTAMP活用が普及しつつある。ドイツの自動運転国家プロジェクトでもリスク分析に利用された。なお、自動車規格以外にSAE J3187 [15] (米国の車、航空機、電車などの乗り物規格)や防衛規格、医療規格、サイバーセキュリティ規格(NIST SP800-160vol2) [1-28] などで規格化されるなど、検討が進められている。標準(自動車、航空機、防衛)が作成されている、開発中である。日本では一部安全性にかかわりの深いドメイン以外では未だ認知度は低く、取組みが

遅れている。2020年の夏には、73カ国から2,316人がオンラインで開催された MITのSTAMPワークショップ[16]に参加登録している。

◆**STAMPがハザード分析に使われた重要システムの例**
- 宇宙開発（例：HTVこうのとり）
- 軍事分野（例：無人航空機）
- 原子力発電所

◆**試験的導入が進む世界の公的機関、民間企業の例**
- 米国FDA（例：医薬品リコール）
- 米国FAA（例：次世代航空交通システム）
- 米空軍（例：飛行機運用手順）
- 航空産業（例：ボーイング、ブラジルの航空管制）
- 自動車産業（例：欧米の自動運転、ステアリング制御、ブレーキ制御、ディーゼルエンジン）
- ロシアの巨大パイプラインプロジェクト
- 鉄道（例：中国の高速鉄道事故分析

2.2.9　国内の普及状況

日本での当該技術利用は安全性が最重要である宇宙にはじまる。JAXAで 1.0年ほどまえから宇宙事業の安全性向上にMITと協業してきており、同様に レジリエンス・エンジニアリングFRAMも実施している。鉄道事業において も、JRグループなどで早い時期から研究試行がなされてきた。

自動運転の人や外部環境を含めた性能限界に関する新たな安全規格SOTIF では、すでにSTPA分析事例がAnnexに掲載されている。自動車産業におけ る「STAMP/STPA」の普及促進で、2017年にIPAがJASPARと相互協力協 定を締結するなど、自動車業界はかなり前から当該技術に取り組んでいる。 JASPARなど自動車関係団体などで取組みが行われ、自動車業界ではSTAMP の知名度はかなり高い。これらの安全規格に関係のある製造業や電機メーカー には、STAMPを試行し始める会社が増えてきている。また、組込みシステム 系の団体でも取り組んできている。また、リスク分析、サイバーセキュリテ ィ、IoT、社会技術システムの分析にまで用途を広げるとIT系、通信系会社な ど利用できる業種は多岐にわたり、次代の安全分析の定石になることが期待さ

れる。

　日本でのSTAMP普及展開活動は㈱情報処理推進機構（IPA）ソフトウェア高信頼化センター（SEC）の元に活動したIoTシステム安全性向上技術手法WGでSTAMP/STPAを中心にした安全分析手法の普及展開を図り、筆者はその中心的存在であった。STAMPガイドブック4冊[17][18][19][20]の発行や無料の安全性分析ツールSTAMP workbench[21]を開発した。筆者はIPAでの業務終了後、国立情報学研究所にて、AI/IoTシステム安全性シンポジウムとSTAMPとFRAMの併設ワークショップを毎年開催[22]している。2020年のオンラインワークショップはレブソンとホルナゲルが基調講演を務めた。前身となるSTAMPワークショップを含めると5年間にわたり、技術者と研究者の集う850人規模のコミュニティ[22]を構築している。

2.3　ハザード分析手法STPA

2.3.1　航空機オートパイロットのSTPA分析事例

【航空機オートパイロット事例の概要】

　航空機の自動操縦（オートパイロット）は自動車の自動運転より開発、普及が進んでいる。航空機においては、数十年も前に自動操縦装置を使用してきた。オートパイロットは旅客機をはじめとした航空機に導入されている。現代の航空機の操縦システムのうえでは、離陸人間（パイロット）がかかわることが必要でありオートパイロットではできない。しかし離陸後、安全高度に達した後に、次の空港に向かうまでの巡航・アプローチ（空港への進入）・着陸など、ほとんどの段階で用いることができる自動操縦システムが用意されている。筆者は30年ほど前、航空機と地上のエアライン、航空管制を衛星通信や無線通信で結び、情報のやり取りをする航空機データ通信システム[23]を日本に導入する際に、そのシステムの拡張、保守、運用の業務に5年間、携わった経験がある。そのシステムをベースに現在、航空機でのオートパイロットがどのように安全を確保しているのかを、現役のパイロットや航空関係者にヒアリングし、STAMPのハザード分析とセキュリティ分析を実施した。

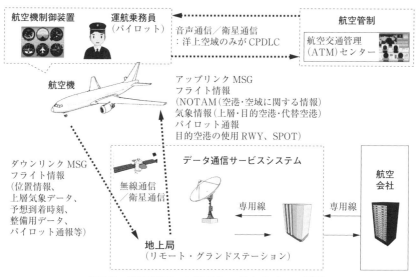

図2.8　航空機データ通信システムのイメージ図

　本事例をもとに解説する。図2.8は航空機データ通信システムの概要イメージである。

　この分析における大まかな問題の定義とシナリオの組立てを最初に行うとSTPA分析に入りやすい。以下にその例を示す。

シナリオ：

　安心安全なフライトを保証する（フライトオペレーションには、サイバーアタックの脅威が高まり、テロも含む多くの攻撃要素があり得る状況である）。

主要なステークホルダー：

　運航乗務員、航空機、航空管制、航空会社、データ通信システム

ミッション：

　乗客の生命、健康、財産にかかわる重大な事故を防ぎ、エアラインに航空産業における信用の向上につながるサービスを提供する。

システムの目的とゴール：

　セキュアで安全なフライトを提供するための航空システム、航空会社のミッションをサポートするためのフライトオペレーション

---

(1)　Step0準備1：アクシデント、ハザード、安全制約の識別

　Step0の目的、入力、処理、出力を以下に示す。アクシデント、ハザード、安全制約は表2.1のとおりである。また、本事例におけるアクシデント、ハザード、安全制約を表2.2に示す。

目的：受け入れられない損失／アクシデントを識別する。

入力：要求仕様書、ドメイン専門家の意見

処理：①　分析しようとするアクシデントが何であるのかを定義する。

　　　　②　アクシデントとなり得るハザードには何があり得るのかを考える

　　　　③　ハザードの裏返しとなる程度の粒度で安全制約を導き出す。

出力：アクシデント、ハザード、安全制約の一覧

　航空機の墜落事故などの安全の視点に加え、情報セキュリティ上の機密性＋完全性＋可用性からも損失をあげることができる。あげられた損失の中で、分析したいものを定め、ハザードと安全制約の抽出を行う。本事例における「絞り込んだハザード、安全制約」を表2.3に示す。

　本事例の場合は、航空機の墜落事故とする。

①　分析しようとするアクシデントが何であるのかを定義する。

→安全を脅かすアクシデントに絞り込んで定義するアクシデントになり得るハ

表2.1　アクシデント、ハザード、安全制約の一覧 [18]

作業名称	アクシデント、ハザード、安全制約の識別
目的	受け入れられない損失／アクシデントを識別する。
入力	要求仕様書、ドメイン専門家の意見
処理	①　分析しようとするアクシデントが何であるのかを定義する。 ②　アクシデントとなり得るハザードには何があり得るのかを考える。 ③　ハザードの裏返しとなる程度の粒度で安全制約を導き出す。
出力	アクシデント、ハザード、安全制約の一覧

表2.2　本事例のアクシデント、ハザード、安全制約

#ID	受け入れられない損失／アクシデント
A1	航空機の墜落事故
A2	個人情報（機内端末で決済するときに使用する乗客のクレジットカード情報などの漏えい
A3	航空産業における信用の失墜
A4	遅延

表2.3　本事例の絞り込んだハザード、安全制約

ハザード	安全制約（セキュリティ制約）
H1-1：航空機が最低高度を下回る。	SC1-1：航空機は事前に定められた最低高度を侵害してはならない。
H1-1：航空機が再校高度を上回る。	SC1-2：航空機は事前に定められた最高高度を侵害してはならない。

表2.4　コントロールストラクチャの構築 [18]

作業名称	コントロールストラクチャの構築
目的	コンポーネント（登場人物）間の依存関係をコントロールストラクチャ図で表す。制御主体と制御対象の間で行われる相互作用には何があるのかを明確化する。
入力	要求仕様書
処理	①　要求仕様書からコンポーネント（登場人物）と役割を抽出する。 ②　役割を果たすためのコントロールアクション、役割を果たした結果のフィードバックを抽出する。 ③　コントロールアクションと入出力情報（情報を与えるのみでコントロールするわけではない）との違いを明確にする。 ④　コンポーネント間を矢印線で結ぶ。
出力	コントロールストラクチャ図

ザード（システムの状態）には何があるのかを考える。

→オートパイロットへの入力・処理結果・出力が不正、運航乗務員への情報・指示が不正などはハザードではなく、要因であることに注意すべきである。ハザードはアクシデントになり得るが事故自体ではない。制御できる危険な状態だ状態をさす。

(2)　Step0：コントロールストラクチャの構築

コントロールストラクチャは表2.4のように構築する。

コントロールストラクチャでは、登場人物（コンポーネント）と役割を定める。対象が機器やシステムだけで人間（登場人物）や組織なども含むことが大きな特徴である（表2.5）。

本事例では、オートパイロットで飛行中に、地上からのアドバイスで設定を変更する手順（図2.9左側）と安全確保の仕組み（図2.9右側）をヒアリングにより作成した（図2.9）。「オートパイロット手順（設定変更時）と安全確保」を図2.10に、コントロールストラクチャ（CS）図を図2.11に示す。また、表2.6に「UCA（Unsafe Control Action）の抽出」を示す。

表2.5　本事例のコンポーネントと役割

	コンポーネント	役割
1	運航乗務員	パイロットのこと。通常2名でCDUで得た情報、管制指示（ATC）を共有して運航。
2	CDU	コントロールディスプレイユニット。コックピットにありパイロットがFMSと直接インターフェースする。
3	CMU	コミュニケーションマネージメントユニット。アビオニクスコンピュータMUの後継で、MUより多機能。
4	FMS	フライトマネジメントシステム。フライト全体を統合して管理する機能を持ち自動操縦装置とも直結している。
5	自動操縦装置	パイロットの負担の軽減と飛行操作の簡易化を図り、安全性を向上させるため、自動的に飛行を制御する装置。現在では、飛行状態を把握し、航空機の姿勢変化に応じ操縦装置を動力で操作する事に加え、FMSおよび航法装置と結合することにより、あらかじめ定められた航路を飛行して目的地に到達させる機能を有する。
6	操縦系統制御装置	機体の傾きをコントロールするエルロン（フラッペロン）、迎え角を調節するエレベーター、機首方位を調節するラダーおよび揚力を増加させるフラップ、減少させるスポイラー等、機体の姿勢を管理する為に舵面を駆動する装置。自動操縦装置からの電気信号により駆動する油圧装置を動かすフライバイワイヤーが主流となっている。
7	ACARSサービスプロバイダー	無線または衛星による航空機と航空会社間（空対地）の小容量メッセージの送信に供されるデータ通信システム。主に運航通信用に用いられるが、近年は航空交通管制（ATC）にも使用されるようになった。ACARSは航空機の主要な運航上のイベント（ゲート出発、離陸、着陸、ゲート到着および機体、エンジンの異常）を自動的に報告する機能もある。
8	航空会社システム	航空会社のコンピュータシステムは航空機の運航に必要なさまざまなデータを処理し、運航・整備・技術・空港発着管理といった各部署とメッセージをやり取りする。

＊本システムのコンポーネントは2重化されて稼働し、さらにスタンバイ機器ももつ信頼性に重きをおく構成である。

オートパイロットで飛行中に、地上からのアドバイスで設定を変更する手順と
安全確保の仕組み（ヒアリングにより作成）

TIME	手順	安全確保の仕組み
	①地上：変更を決定しアドバイス	A.航空会社で送信内容をダブルチェックし実行
	②地上から送信：	
	③CMU→CDU：受信	
	④パイロットが変更内容(受信内容)を確認	B.もう一人のパイロットと確認し、ダブルチェック
	⑤管制への変更許可を得る	C.航空管制官の確認、許可
	⑥パイロットが変更内容(受信内容)を確定操作	D.操作をもう1人のパイロットが確認、ダブルチェック
		E.変更内容を地上へ自動送信 （パイロットは絡まない）
		F.地上で変更内容を受信し、確認
	⑦重量や温度や風で変化する性能データをFMSで計算しつつ、オートパイロットで飛行	G.速度／上昇率（上昇角）／降下率（降下角）／飛行経路を制御し、安全を確保
	⑧運航乗務員は計器により安全走行を確認	

図2.9　オートパイロット手順（設定変更時）と安全確保の流れ

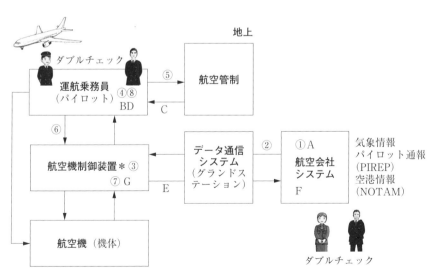

＊自動操縦装置の安全確保の仕組みに必要な制御関係のみを記述

図2.10　オートパイロット手順（設定変更時）と安全確保の図

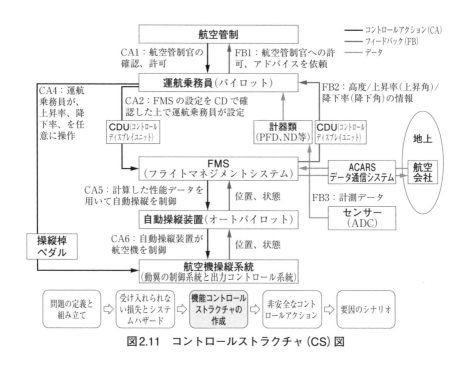

図2.11　コントロールストラクチャ (CS) 図

表2.6　UCA (Unsafe Control Action) の抽出 [18]

作業名称	非安全なコントロールアクション (UCA) の抽出
目的	ハザードにつながり得る制御動作の不具合を識別する。
入力	アクシデント、ハザード、安全制約の一覧 コントロールストラクチャ図
処理	① 最上列に4つのガイドワードを記したUCA識別表を準備する ② コントロールアクション、適用条件、どこからどこへの制御かを記載する。 ③ 4つのガイドワードに照らして、コントロールアクションが安全制約になり得る非安全なコントロールアクション (UCA：Unsafe Control Action) を抽出する。
出力	UCA一覧表

(3) Step1：HCF (Hazard Causal Factor) の特定

　UCA (Unsafe Control Factor) の抽出は表2.7のように行う。また、HCF (Hazard Causal Factor：ハザード誘発要因) の特定は表2.8のように行う。さらに、「オートパイロット手順 (設定変更時) と安全確保」を図2.12に示す。

表2.7　事例でのUCA (Unsafe Control Action) の抽出

コントロールアクション	適用条件	From	To	非安全なコントロールアクション			
				与えられないとハザード	与えられるとハザード	早すぎる、遅すぎる、誤順序でハザード	早すぎる停止、長すぎる適用でハザード
CA1：航空管制官が確認、許可	依頼受託時	航空管制官	運航乗務員	(UCA1-N) 航空管制官より許可が与えられない。	(UCA1-P) 航空管制官より誤った指示が与えられる(H1-1, 2)。	(UCA1-T) 航空管制官の指示が遅すぎる。	N/A
CA2：運航乗務員がCDで確認した上でFMSに情報を設定	地上からの情報受託時	運航乗務員	FMS	(UCA2-N) 運航乗務員がFMSに情報を設定しない。	(UCA2-P) 誤った情報がFMSに指示される(H1-1.2)。	(UCA2-T) FMSへの情報指示が遅すぎる。	N/A
CA4：運航乗務員が上昇率、降下率を任意に操作	地上からの情報受託時	運航乗務員	航空機操縦系統	(UCA4-N) 上昇、降下率を与えられない。	(UCA4-P) 誤った上昇率、降下率で操作される(H1-1, 2)。	(UCA4-T) 上昇率、降下率の操作が遅すぎる。	N/A
CA5：FMSが計算した性能データを用いて自動操縦を制御	FMSからのコマンド受託時	FMS	オートパイロット	(UCA5-N) 自動操縦装置に指示が与えられない。	(UCA5-P) 自動操縦装置に誤って指示がなされる(H1-1, 2)	(UCA5-T) 自動操縦装置に指示すぎる指示がなされる。	N/A
CA6：自動操縦装置が航空機操縦系統を制御	オートパイロットからのコマンド受託時	オートパイロット	航空機操縦系統	(UCA6-N) 航空機操縦系統に自動操縦装置が飛行制御を与えられない。	(UCA6-P) 航空機操縦系統に誤った飛行制御がなされる(H1-1, 2)	(UCA6-T) 航空機操縦系統に自動操縦装置に与える飛行制御が遅すぎる。	N/A

ハザード
H1-1：航空機が最低高度を下回る
H1-2：航空機が最高高度を上回る

表2.8　HCFの特定 [18]

作業名称	ハザード誘発要因 (HCF) の特定
目的	どのような誘発要因があったら、UCAになり得るのかを考え、シナリオを作る。
入力	① 　HCF特定のためのガイドワード ② 　コントロールストラクチャ図 ③ 　UCA一覧表
処理	① 　コントロールストラクチャ図からコントロールループを抜き出して、その中の各コントロールアクションに該当するガイドワードを割り当てる。 ② 　Step1で識別したUCAごとにガイドワードを1つずつ当てはめてみて、ハザードとなり得るのかを考える。 ③ 　どういう条件下で当該ガイドワードの事象が発生して、その後。どういうシステム挙動になったらハザードとなって、アクシデントにつながるのかのシナリオを作る。
出力	ハザード要因の一覧表、ハザードシナリオ

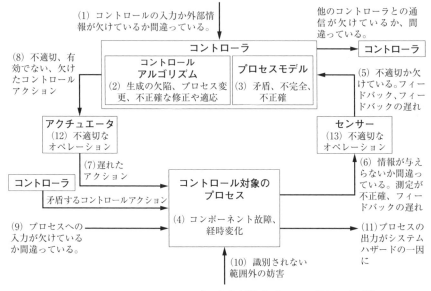

図2.12　コントロールループで安全制約を破られる原因の例 [18]

　STAMP/STPAはハザード分析手法であり、セーフティを中心に展開されてきたが、これらの特徴はセキュリティ上のリスク分析にも適用可能であり、セーフティのハザード要因 (Hazard Causal Factor) 特定時にSCF (Security Causal Factor) の特定を実施すべきと筆者は考えた。STPA-Secなど従来手法

では脅威分析が不十分であったため、下記、マイクロソフトSTRIDE[25]を攻撃者の意図を捉えるヒントワードとして活用を提示してきた。

【STRIDE（6つの脅威の頭文字をとっている）】

Spoofing identity（なりすまし）：コンピュータに対し、他のユーザを装う。

Tampering（改ざん）データを意図的に操作する。

Repudiation（否認）：ユーザがあるアクションを行ったことを否認する。

Information Disclosure（情報の暴露）：アクセス権限のない相手に情報公開

Denial of Service（サービス不能）：攻撃により正規ユーザへのサービス中断

Elevation of Privilege（権限の昇格）：悪用可能な不正アクセス権限を得る。

---

(4) Step2：SCF (Security Causal Factor) の特定

表2.9に脅威分析事例として「セキュリティ誘発要因（SCF）」、図2.13に「(UCA1-P) 航空管制より誤った指示が与えられる（H1-6）の要因分析」、図2.14に「(UCA2-P) 誤った情報がFMSに指示される（H1-3）の要因分析」、表2.10に「STRIDEによるセキュリティ要因分析」を示す。

表2.9　セキュリティ誘発要因（SCF）

作業名称	セキュリティ誘発要因（SCF）の特定
目的	どのような誘発要因があったら、UCAになり得るのかを考え、脅威シナリオを作る。
入力	④　SCF特定のためのガイドワード（STRIDE） ⑤　コントロールストラクチャ図 ⑥　UCA一覧表
処理	④　コントロールストラクチャ図からコントロールループを抜き出して、その中の各コントロールアクションに該当するガイドワードを割り当てる。 ⑤　Step1で識別したUCAごとにガイドワードを1つずつ当てはめてみて、脅威となり得るのかを考える。 ⑥　どういう条件下で当該ガイドワードの事象が発生して、その後。どういうシステム挙動になったら脅威となって、インシデントにつながるかのシナリオを作る。
出力	セキュリティ要因の一覧表、脅威シナリオ

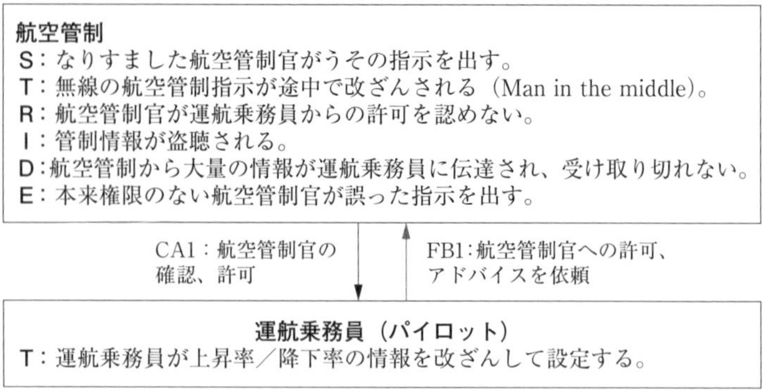

航空管制
S：なりすました航空管制官がうその指示を出す。
T：無線の航空管制指示が途中で改ざんされる（Man in the middle）。
R：航空管制官が運航乗務員からの許可を認めない。
I：管制情報が盗聴される。
D：航空管制から大量の情報が運航乗務員に伝達され、受け取り切れない。
E：本来権限のない航空管制官が誤った指示を出す。

CA1：航空管制官の
確認、許可

FB1：航空管制官への許可、
アドバイスを依頼

運航乗務員（パイロット）
T：運航乗務員が上昇率／降下率の情報を改ざんして設定する。

図2.13　（UCA1-P）航空管制より誤った指示が与えられる（H1-6）の要因分析

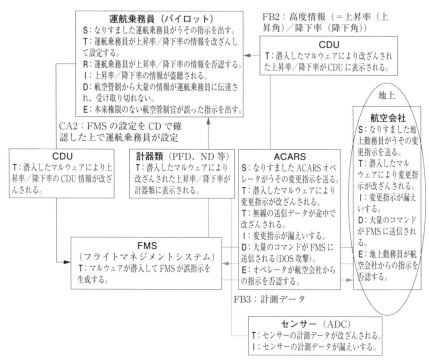

図2.14　（UCA2-P）誤った情報がFMSに指示される（H1-3）の要因分析

表2.10　STRIDEによるセキュリティ要因分析

	Sなりすまし	T改ざん	R否認	I情報の暴露	Dサービス不能	E権限の昇格
(UCA1-P) 航空管制より誤った指示が与えられる（H1-6）。	なりすました航空管制官がうその指示を出す。	無線の航空管制指示が途中で改ざんされる（Man in the middle）。	航空管制官が運航乗務員からの許可を認めない。	管制情報が盗聴される。	航空管制から大量の情報が運航乗務員に伝達され、受け取り切れない。	本来権限のない航空管制官が誤った指示を出す。
(UCA2-P) 誤った情報がFMSに指示される（H1-3）。	なりすました運航乗務員がうその指示を出す。 なりすましたACARSオペレーターがうその変更指示を送る。 なりすました地上勤務員がうその変更指示を送る。	運航乗務員が上昇率／降下率の情報を改ざんして設定する。 潜入したマルウェアにより上昇率／降下率が潜入してFMSが誤指示を生成する。 潜入したマルウェアにより改ざんされた上昇率／降下率が計器器類に表示される。 潜入したマルウェアにより上昇率／降下率がCDUに表示される。 潜入したマルウェアにより変更指示が改ざんされる（航空会社、ACARS） 無線の送信データが途中で改ざんされる。 センサーの計測データが改ざんされる。	運航乗務員が上昇率／降下率の情報を否認する。 オペレータが航空会社からの指示を否認する。 地上勤務員が航空会社からの指示を否認する。	上昇率／降下率の情報が盗聴される。 変更指示が漏えいする（航空会社、ACARS）。 センサーの計測データが漏えいする。	大量のコマンドが送信され、FMSが不能となる。 大量のコマンドがFMSに送信される（DOS攻撃／航空会社、ACARS）。	本来権限のない航空管制官が誤った指示を出す。

2.4　CASTの概要と手順

2.4.1　CASTの概要

　「我々は事故や事件から十分に学ばず、同じような事故をずっと繰り返している。その理由は何？」。レブソンは長年多くの事故調査に携わり、この疑問を解決するため、システム思考の事故分析手法STAMP/CAST [1-5] [1-30] を提示し、事故や事故からの学習を最大化する事故分析手法は、次のような目標を持つべきであるとした。

【事故分析における目標】

① 　いわゆる「根本的」または「考えられる」原因に焦点を当てるのではなく、学習を最適化し、すべての原因を含める。

② 　後知恵のバイアスを減らす。後知恵のバイアスとは、「事故が起きたことを知り、その理由を考えた後では、事前に事象を予測できなかったことを理解することが、人にとっては心理的に不可能であること」をさす。

③ 　人間の行動についてのシステムビューをもつ。

④ 　損失が発生した理由について非難ではなく、説明をする。

⑤ 　特定の損失を防止するための統制が効果的ではなかった理由を示し、それを改善できる包括的な事故因果関係モデル（安全制御構造）を使用する。

　システム理論にもとづく原因分析手法であるCASTは事前分析手法であるSTPAとは異なり、STAMP事故モデルの考えにもとづいた事後分析手法である。

　CASTは事故全体の理解を可能とするフレームワークとプロセスを提供し、事故の原因分析を安全制御構造の破綻にフォーカスし、先入観や偏見による影響や偏りを小さくする事故分析技術である。CASTの決定すべきゴールは、人々が事故を起こした理由や事故発生を許した安全コントロールストラクチャの弱点を明らかにすることである。

　具体的にはコンポーネント間のインタラクションの不備を分析するために、安全制約、発生した非安全なコントロールアクション、その行動の前後関係にもとづく理由、それを引き起こしたメンタル（プロセス）モデルを明確化して

いく。

なお、コントローラには制御するコンポーネントが認識するシステムや外部環境の状態を表すプロセスモデルが含まれており、特に人間が行うプロセスモデルはメンタルモデルと呼ばれている。CASTは下位の物理レベルと上位の論理レベルで分けて考える特徴をもち、事故に関連した安全制約と各レベルのコントロールストラクチャ図を分析することで、さまざまな観点から分析を行い、事故の要因がどの時点から発生しているかわかるようになっている。

CASTは事故全体の理解を可能とするフレームワークとプロセスを提供し、事故の原因分析を安全制御構造の破綻にフォーカスし、先入観や偏見による影響や偏りを小さくする事故分析技術である。

2.4.2 CASTの手順

参考文献［1-5］に提示されたアクシデント分析への一般的なSTAMP適用プロセス（CAST手順）によるとCASTの分析は、後述のCAST1からCAST9までの手順になる（図2.15）。この分析手順は必ずしも1つが完了してから次のステップへというように逐次に実施されることを意味するものではない。最初の3つの手順（CAST1-3）はハザード、安全制約、コントロールストラクチャ

CAST 1：損失に関連するシステムとハザードを明らかにする。
CAST 2：ハザードに関連したシステムの安全制約やシステム要求を明らかにする。
CAST 3：ハザードを制御し安全制約を課すよう整備されている安全コントロールストラクチャを記述する*。
CAST 4：損失につながる近接したイベントを決定する。
CAST 5：損失を下位（物理）レベルで分析する。
• 発生した事象に対する次のものの寄与を識別：物理的、運用的な操作、物理的な障害、機能が損なわれた相互作用、コミュニケーション、共同作業の欠陥、処理されなかった外乱
• 損失を防止する際になぜ、物理的なコントロールが効果的でなかったかを定義
CAST 6：安全コントロールストラクチャの上位（論理）レベルに移り、いかにして、そしてなぜ、より上位のレベルが現在（物理）のレベルにおける不適切な制御を許したかもしくは寄与したかを決定する。
CAST 7：損失に関与した共同作業、コミュニケーションの寄与者すべてを調査する。
CAST 8：損失に関連するシステムと安全コントロールストラクチャの時間経過による動的な特性や変化、および安全コントロールストラクチャの長期間での弱化を正確に定める
CAST 9：改善勧告を出す。
＊これはコントロールとフィードバックの実行と同様に各コンポーネントの構造上の責任と権限を含む。このステップは以降のステップと並行して実施できる。

図2.15　CAST手順 [1-5]

図の明確化であり、すべてのSTAMPベース技術で共通に実施する。

　また一般にコントロールストラクチャ図の各コンポーネントの役割は以下の記述を含む。コントローラには制御するコンポーネントが認識するシステムや外部環境の状態を表すプロセスモデルが含まれており、特に人間が行うプロセスモデルはメンタルモデルと呼ばれている。

【コンポーネントの役割としてコントロールストラクチャ図に記述する事項】

安全要求と制約

コンテキスト：意思決定がされた状況

- 責任と権限
- 環境や行為形成の要素

コントロール：非安全なコントロールアクション

- 誤ったコントロールアクションを引き起こす機能が損なわれた相互作用、故障、欠陥のある決定
- 欠陥のあるコントロールアクションと機能が損なわれた相互作用の理由
- 制御アルゴリズムの欠陥
- プロセスやインターフェイスモデルの不備
- 複数のコントローラ間の不適切な調整やコミュニケーション
- 参照チャネルの欠陥
- フィードバックの欠陥

2.4.3　コントロールストラクチャ図のメリット
(1)　可視化により問題を発見しやすい

　CASTはコントロールストラクチャー (CS) 図のコントロールアクションだけでなく、コンポーネント内部の詳細に記述を実施する。STAMPモデルのCS図にはいろいろなメリットがある。例えば、システム運用を例題として、システムのサービス停止を招くような指示系統や作業ルールにおけるリスク要因を、STAMPを用いて分析すると、組織や人がコンピュータを制御するモデル化（図2.16）、組織、人、システム、ソフトウェアの各構成要素（コンポーネント）の相互作用がコントロールストラクチャ図によって、図示できる（図2.17）。

　また、CS図を眺めていると問題がありそうなところが見えてくる。CS図を

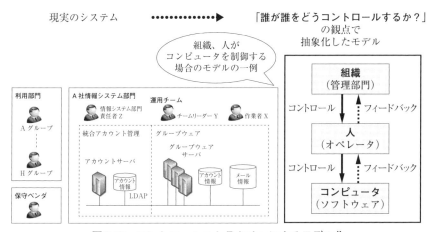

図2.16 コントロールストラクチャによるモデル化

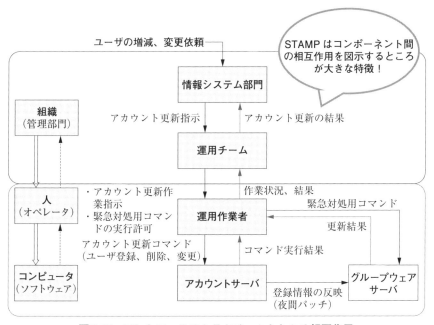

図2.17 コントロールストラクチャからわかる相互作用

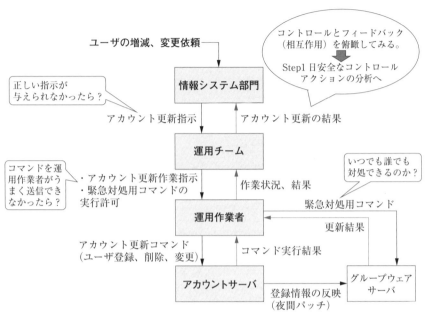

図2.18　システム思考とコントロールストラクチャ図

ベースにしたシステム思考で、本来実施できてはいけないアクションがどこか
を検討できる（図2.18）。このように関係性のグラフィカルな可視化ができるモ
デルの活用によるメリットは大きい。

(2)　安全構造における管理

　重大な事故の管理上および組織上の要因、そして多くの場合政府による管理
（またはそれらの欠如）は、事故の原因と予防における技術的要因と同じくら
い重要であり、CS図は組織や人の安全制約と制御の流れを図2.19のように示
すことができる。図2.19で左側は開発体制、右側は運用である。STAMPは、
「事故」を防ぐための「制御」を分析するモデルとプロセスであるが、図2.19
のCS図では、「組織の指示系統や作業ルール」を制御とみなして、上位組織か
ら開発、運用プロセスをコンポーネントとして記述することで制御の流れを明
確化している。さらに各コンポーネントの果たすべき安全制約を明確化するこ
とで、非安全な制御をシステム思考で見つけることができるモデリングとなっ
ている。

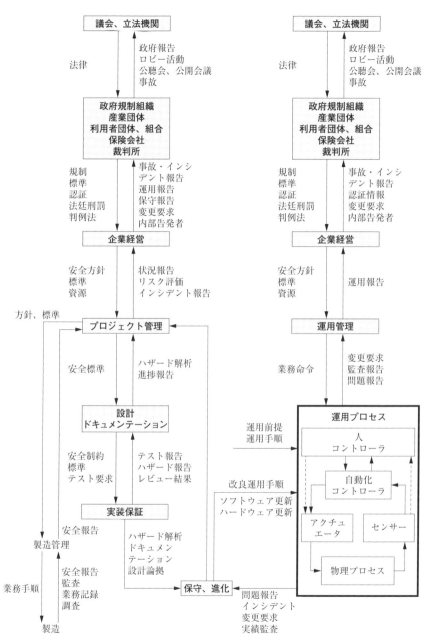

（出典） Nancy G. Leveson：*Engineering a Safer World, Systems Thinking Applied to Safety*, 2012.

図2.19　安全性に関する組織コントロール [1-5]

2.4.4　CASTとSTPAの違い

　従来の障害分析とCAST、STPAの事故分析による効果の違いは、以下のようなものである。

【STAMPモデルの適用とその効果】

　<u>なぜなぜ分析</u>[24] **など従来の障害分析**：事故が起きた後、実際に起きたことの原因をさかのぼって分析し、対策を検討する。

　事故が起きた後にCASTを適用：実際に起きたことだけでなく、同じ事故の潜在的な要因を広く分析し、幅広い対策の検討が可能である。

　事故が起きる前にSTPAを適用：起きては困る事故を想定し、その潜在的な要因を広く分析し、対策することによって未然防止が可能である。

　なお、STAMPモデルは、局所性が高い従来の障害分析と異なり、実際に起きていないことも含めてモデリングにより明確化するので分析の幅を広げるのに役立つ。STAMPモデルはSTPAとCASTの両方の手法で分析できるが、両者は適用のタイミングが異なる（図2.20）。

　STPAはCASTと同様、強力な因果関係モデルにもとづくハザード分析ツールである。CASTとは対照的に、STPAの予防的分析では、発生したシナリオだけでなく、損失につながる可能性のあるすべての潜在的なシナリオを識別する。これらの潜在的なシナリオは、発生前に防止するために使用される。CASTは、発生した特定のシナリオのみを識別するのに役立つ。目的は異なるが両者は密接に関連している。

　STPAは事故の概念開発段階の初期（設計が作成される前）に使用できるため、最初からセーフティとセキュリティをシステムに設計するために使用で

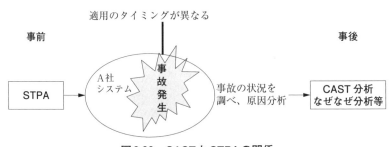

図2.20　CASTとSTPAの関係

き、安全なシステムの設計コストを大幅に削減する。設計と実装の後半で潜在的な安全性とセキュリティの欠陥を見つけると、開発コストが大幅に増加する可能性がある。過去の事故に対するCAST分析は、さらなる損失を防ぐために排除または管理する必要がある根拠のあるシナリオを識別することによってSTPAプロセスを支援できると筆者は考えている。

2.4.5　IT運用障害へのCAST適用事例

IT運用障害事故が起きた後の原因分析[26]にCASTの手法を適用した事例[27]を解説する。本事例の一部は、筆者が執筆し、IPA：『STAMPガイドブック～システム思考による安全分析～』[20]に掲載されているものであるが、IT技術者のCASTの内容理解に適しており、IPA掲載後に内容の改善がなされている。筆者によるシステム思考から見たCAST分析の考察を提示するため、本項で紹介する。人や組織間の指示系統をコンポーネント間の制御関係と見なしてCAST分析を行っている。事故の概要は以下のとおりである。

【IT運用障害事故の概要】

　A社の情報システム部門は、社内の多数の部門（グループと称する）が利用するグループウェア・サービスを運用している。同サービスは、統合アカウント管理ツールとグループウェアとから構成されている。統合アカウント管理ツールは、運用作業者が通常、ユーザの登録・削除などの運用操作を行うためのシステムである。グループウェアは、利用者データベースを持ち、利用者データに対する操作が可能となっている。通常運用作業者は、直接グループウェアのアカウント情報を直接操作してはならないルールである。そのグループウェア・サービスの障害により、多数の利用者のデータ（送受信メール、スケジュール、アドレス帳など）が消失してしまい、復旧するのに発生当日を含め、2日間を費やした。

【インタビューでわかったこと】

　運用作業者が、アカウントサーバの統合アカウント管理ツールを使って、新規ユーザ（50名分）のユーザ登録作業を実施したところ、ユーザの設定が誤っていることに気づいた。

　再登録するために統合アカウント管理ツールを使い登録したユーザを削除しようとしたが、手順書にその手順が明確化されておらず、また運用の

訓練を十分にうけていなかったため削除できなかった。

そこで先輩がやっているのを見たことがあるため、直接グループウェアサーバ上で登録したユーザ（50名分）を削除しようとした。ところが、誤って"全ユーザ削除"を実行してしまった。

　一見すると個人のミスが原因で起きたと考えられる事故が、組織全体をシステムと見て分析を行うと、組織間の構造的な問題との因果関係が見えてくることを示している。また、「コンポーネントの故障がなくても起き得る事故の要因を考える」というSTAMPの思想が人間系のシステムにも適用できることを示している。

　なお、本事例で分析対象とするシステムは「コンピュータシステムの運用」を含み、機器としてのコンピュータシステムだけでなく、人や組織も主な構成要素とする。本章ではCASTによるITシステム運用事故分析を上記9つの手順に則り、今回の事例に適用する。

(1)　【CAST1】システム概要・ハザード

　本事例は、企業の内部で利用される「グループウェア・サービス」提供システムを分析対象とする。同サービスは、スケジュール管理やファイル共有、メール送受信などの機能を社員に提供するものである。図2.21に示すように、統

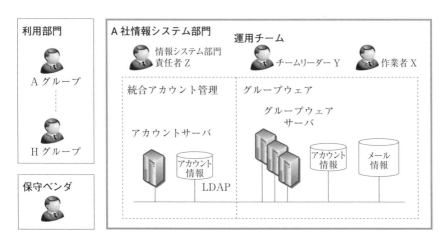

図2.21　対象システムの概要（太枠内、情報システム部門内が対象システム範囲。利用部門、保守ベンダは対象外）

合アカウント管理とグループウェアとから構成されており、情報システム部門がこれらの運用（機能を維持する作業）を行っている。グループウェアはユーザのアカウント情報とメール情報のデータベースを持っている。このデータベースの変更・削除は運用作業者が統合アカウント管理の操作を通じて行い、グループウェアのアカウント情報を直接操作してはならないルールとなっている。

(2) 【CAST2】システムの安全制約

システムの安全制約は以下のとおりである。

【システムのハザード・安全制約やシステム要求】

システムのハザード：グループウェアサーバのユーザ情報が欠如した状態

システムの安全制約：グループウェアサーバのユーザ情報が欠如しないこと

システム要求：ユーザの業務が停滞しないようにシステムを提供すること

---

(3) 【CAST3】対象システムのコントロールストラクチャ図

対象システムのコントロールストラクチャ図を図2.22に示す。

(4) 【CAST4】発生した事故の経緯

「IT運用障害事故の概要」でも説明したが、損失につながる近接したイベントとして、発生した事故の経緯を改めて図2.23に示す。

運用作業者が、アカウントサーバの統合アカウント管理ツールを使って、新規ユーザ（50名分）のユーザ登録作業を実施したところ、ユーザの設定が誤っていることに気づいた（図2.23①）。再登録するために統合アカウント管理ツールを使い登録したユーザを削除しようとしたが、手順書にその手順が明確化されておらず、また運用の訓練を十分に受けていなかったため削除できなかった。そこで先輩がやっているのを見たことがあるため、直接グループウェアサーバ上で登録したユーザ（50名分）を削除しようとした（図2.23②）。ところが、誤って"全ユーザ削除"を実行してしまった（図2.23③）。

(5) 【CAST5】下位（物理）レベルの分析

CASTは事後分析であるため、事故が直接的に起こった箇所を特定して、損

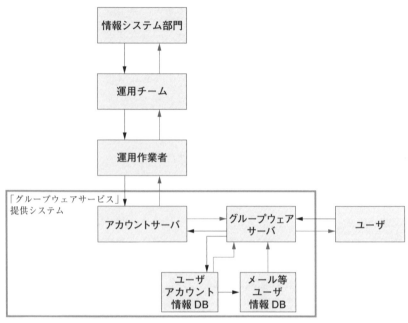

図2.22　対象システムのコントロールストラクチャ図

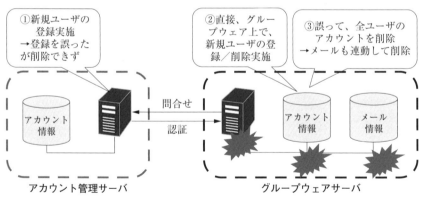

図2.23　発生した事故

失を下位（物理）レベルで分析を開始することが可能であり、順次分析対象を
システム全体に拡げていくことが特徴である。

　そこでまず物理システムであるグループウェア提供システムにおいて「ハザ
ードに直接かかわるコンポーネントは何か？」を考える。ユーザ情報を消失し
たのはグループウェアサーバである。さらにその配下のデータベースやアカウ
ントサーバも含めて、各コンポーネントがどのような役割をもっていたのかを
図2.24のように記述する。これにより発生した事象に対する物理障害と機能が
損なわれた相互作用やその理由を明確にする。

　さらに「それらのコンポーネントに対して非安全なコントロールアクション
（UCA：Unsafe Control Action）はあったか？」と考えると運用作業者よりす
べてのユーザ情報を削除するコマンドが入力されていたことなどがわかる。そ
こで運用作業者の発生した事象に対する運用的な操作の寄与を明確化する（図
2.25）。下位（物理）レベルの分析では運用作業者がグループウェアサーバに全
削除コマンドを実行したことやアカウントサーバでアカウント登録ができなか

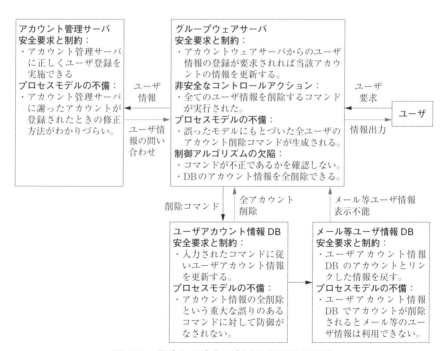

図2.24　発生した事象に対する物理的な障害

```
運用作業者
安全要求と制約：
・運用手順書に従って、システムを操作すること
・運用作業者はメール情報等のユーザデータの不正や欠落をさせてはならない。
・アカウント管理サーバに正しくユーザ登録できる。
意思決定がされた状況：
・ユーザアカウントを追加する作業指示がなされた。
・アカウント管理サーバの運用手順書はあった。
・運用作業者はアカウント管理サーバの操作に関する教育を十分に受けていなかった。
・運用作業者はユーザ登録作業や修正作業方法を十分には理解していなかった。
非安全なコントロールアクション：
・運用作業者は新規ユーザ（50名分）のユーザ登録作業を実施したところ、ユーザの設定を誤った。
・再登録するために統合アカウント管理ツールを使い先に登録したユーザを割くよしようとしたが
　削除できなかった。
・運用作業者が運用手順書に従わずにグループウェアの全データを削除する操作を実行した。
メンタルモデルの不備：
・アカウント管理サーバの操作ミスを修正できない。
・作業を早く終わらせなければならない。
・先輩社員はみんな忙しそうであり、相談できない。
・グループウェアサーバの操作は先輩がよく行っているのを見ており自分でもできると思った。
・実は通常ルール以外のやり方を先輩がやっているのを見ていたのでグループウェアの操作をして
　もいいと思った。
```

図2.25　発生した事象に対する運用的な操作

ったことに着目して、コンポーネントの役割としての記述事項を示す。本事例では運用作業者からインタビューや分析した結果をベースに、メンタルモデルの不備や意思決定がされた状況特定を行っている。

　STPAとやや異なるように見えるのは、このコンポーネントのUCA分析の中で同時にUCAを引き起こした背景要因が分析されていることであるが、これはSTPAのハザード誘発シナリオと本質的には同じ手順である。

　各コンポーネントの役割をもとに「損失を防止する際になぜ、物理的なコントロールが効果的でなかったか」を分析すると「グループウェアで削除コマンドが実行されたこと」と「運用作業者の操作ミス」などが非安全なコントロールアクション（UCA）としてあがり、事故の物理的な障害とその直接的な寄与を示した。さらに運用作業者の操作ミスを防げなかったグループウェア提供システムの欠陥として、「アカウント情報の全削除という重大な誤りのあるコマンドに対して防御がなされない」などの各コンポーネントのプロセスモデルの不備も把握された。

(6)　【CAST6】上位（論理）レベルの分析

　事故分析で重要なのは、運用作業者を悪者にすることではない。「なぜこのような非安全なコントロールアクション（UCA：Unsafe Control Action）を起こしたのか」、その根本原因を探ることである。

　そこでUCAの原因となるコンポーネントの相互作用を説明できるように、安全コントロールストラクチャの上位（論理）レベルに移り、いかにして、そしてなぜ、より上位のレベルが現在（物理）のレベルにおける不適切な制御を許したかもしくは寄与したかを決定する。ここで論理レベルの分析というのは、実際に行われた「削除コマンド」ではなく、それを論理的に抽象化した「危険なコマンド」などという上位概念に上げることである。「上位コンポーネント」とは操作者の上司やその属する組織のことではなく、「削除コマンド」とは何かということを抽象概念で表現したものである。運用作業者が常時実施している作業の1つはアカウント更新作業だが、他にも当概システムのサービスや物理システムは多く存在する。そこで、図2.26のように上位（論理）レベルのコントロールストラクチャ図を記述し、アカウント更新作業という下位レ

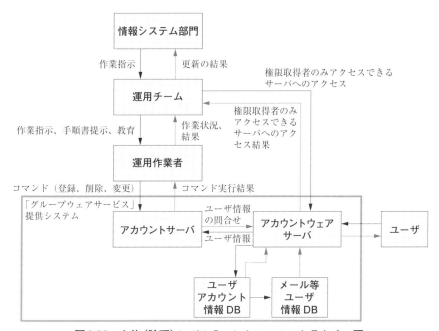

図2.26　上位（論理）レベルのコントロールストラクチャ図

ベルから抽象化したサービスやシステムに相当する上位レベルでの安全制御構造を可視化し、非安全なコントロールアクションを決定するのである。

(7) 【CAST7】損失に関与を調査

　運用チームや情報システム部門などの損失に関与した共同作業、コミュニケーションの寄与者すべてを調査する（表2.11）。

(8) 【CAST8】俯瞰分析

　損失に関連するシステムと安全コントロールストラクチャの時間経過による動的な特性や変化、および安全コントロールストラクチャの長期間での弱化を正確に定める。システムのアーキテクチャの構造解析を意味する俯瞰分析を実施する。

表2.11　運用チームと情報システム部門の役割

	運用チーム	情報システム部門
安全要求と制約	・運用作業者が参照する手順書を作成する。 ・運用作業者に教育を行う。 ・運用作業者から作業報告、相談、質問を受け、運用作業者が適切な行動をとれるように指導する。	・情報システム部門は運用チームの作業が円滑に実施できるように調整する。
意思が決定された状況	【責任と権限】 ・運用作業者の教育が不十分だった。 【環境や行為形成の要素】 ・このときは運用作業が目白押しだったため、運用チームのメンバーは忙しかった。 ・日頃から作業負荷が高く、作業手順書を更新する時間がなかった。また、教育を十分行う時間もなかった。	【環境や行為形成の要素】 ・情報システム部門は作業を受ける場合のリスクを検討することなく作業を運用チームに依頼していた。
非安全なコントロールアクション	・運用作業者に十分な教育を行なっていない。 ・運用作業者から作業報告、相談、質問を受け、運用作業者が適切な行動をとれるようにする指導が不十分である。 ・運用作業者が参照する手順書を作成する。	・情報システム部門は運用チームの作業量を調整していなかった。
メンタルモデルの不備	・運用作業者から相談・質問がないため、間違いなく進捗していると思っていた。	・情報システム部門はシステム運用以外にも多くの業務を抱えており、運用チームの業務上の事故が起きない限り、対処する優先度は低かった。

⑼　【CAST9】改善勧告を出す

　これらの不備な点と時間経過による安全コントロールストラクチャの弱点を解決するため、表2.12の改善勧告が提示できる。この改善勧告には物理的システム内の各コンポーネントに対して、アクセス制御機能、バックアップ機能、入力エラー修復機能などシステムとデータの安全機能追加が特徴である。なぜなぜ分析では人や管理に問題を寄せることが多々あるが、物理システムの技術的解決と人とシステムの相互作用、組織的管理の問題を全体俯瞰的に洗い出せ、安全制御構造にもとづく対策（表2.12）を提示できる。

⑽　システム思考の視点からみたCAST分析

　CAST分析はシステム思考で重要な空間、時間、意味の3つの観点から、事故分析を実施しており、事故の原因を探るための構造的なフレームワークとなっている。

①　空間の視点

　本事例のアプローチは送受信メール、スケジュール、アドレス帳などの情報

表2.12　発生事象と想定していた姿の違いから得た改善勧告

	発生事象	想定していた姿	改善勧告
A.　グループウェア提供システム（グループウェアサーバ①、ユーザ情報DB②、アカウント管理サーバ③）内の物理的不備	①　危険なコマンド	①　正しいコマンド入力のみを想定	①　グループウェアサーバでDBへの一字環境で確認してから本番環境に反映される仕組みを構築
	②　データベースがバックアップされない。	②　物理的な媒体での定期的バックアップ	②　データベースのバックアップ
	③　入力ミスを修正しづらい。	③　入力ミスの修正方法はマニュアルに提示	③　入力ミスを防ぐ機能をアカウント管理サーバに追加
B.　運用作業者①とシステムの相互作用	①　権限のないサーバへアクセス	①　重要な情報を扱うサーバに対しては運用チーム管理者のみにアクセス権限がある。	①　グループウェアサーバにアクセス制御機能を追加し、権限のある者にしか操作できないようにする。
C.　管理側（運用チーム①②③、情報システム部門④）の問題	①　不十分な教育	①　適切な教育	①　教育の充実
	②　手順書の不備	②　適切な手順書	②　手順書の最新化
	③　不適切なアクセス権限管理	③　ルール上でのアクセス管理	③　スキル可視化にもとづく適切なアクセス権限管理
	④　運用作業量の未調整	④　適切な運用作業量の調整	④　作業過多を防ぐ調整→作業過多を防ぐ調整→作業負荷軽減のためのシステム改善

を失ったというアクシデントの発生したグループウェアで発生したという1つの物理コンポーネントだけでなく、システム全体を対象範囲として考える点でシステム思考である。これは空間の広がりの観点でシステム思考である。

② 　意味の視点

　さらにCAST分析は損失につながるイベントを考慮しながら、コンポーネントとして設定した1つひとつの要素にどのような責任と権限があったから、アクシデントにつながったのかを解き明かしていく。これは1つひとつのコンポーネントの他のコンポーネントに与える影響（＝すなわち、相互作用の意味）を明確化するアプローチである。それゆえ、1つひとつのコンポーネントに対しての改善が可能となる。また、運用作業量などの経時的変化を受けて発生した安全コントロールストラクチャの弱点を明確化するアプローチは、時間の観点からのシステム思考である。

　また、運用作業者、運用チーム、A社情報システム部門などの各コンポーネントを全体俯瞰したうえで不備な点を洗い出し、改善勧告をだしていくアプローチもシステム思考の特徴を備えている。

③ 　時間の視点

　CASTは時間経過による安全コントロールストラクチャの弱点を明確化する。当初の段階では安全を保つ仕組みが成り立っていても、時間が経つにつれて構成するコンポーネント自体やその相互作用に変化が生じ、安全制御が成り立たなくなることが多い。それを明確化できる手順をCASTは含んでいる。

　CAST3では、STPAと同様に制御構造をコントロールストラクチャ図として識別する。この構造は並行的に完成される。またCAST8において、システムの経時的な弱化を現在と過去で比較する点で時間の観点からの事故分析を実施できる。IT運用事例の場合、「運用作業者は届け出による上位の許可がなければ、グループウェアサーバにアクセスはできないことになっていた。しかし、運用チームの先輩たちが、日常的にグループウェアサーバにアクセスしていたのを見ており、十分な知識もないままにアクセスし、事故を起こした。本来の想定モデルでは、運用作業者からグループウェアサーバへのコントロールアクションは想定されていなかった。当初より運用の作業量が増えたことという経時的な変化の中で、許可がなくても運用作業者が実施できる状況を生んでいた」。

　このことを分析によって明確化しやすい手順をCASTは含んでいる。

　本適用では、CASTの手順に則り、ステップごとに実施事項を明確化する事例を作成し、CASTの利用推進をしやすくした。また従来のハードウェア中心の事故事例ではなく、ITサービス運用に適用したことで、コンピュータシステムだけでなく、人や組織も主な構成要素とすることが多いIT障害事例にも「システムのサービス停止」が事故であり、「組織の指示系統や作業ルール」を制御とみなすことでCASTを適用可能であることを示した。

　CASTは直接的な原因究明だけでなく、それを引き起こす背景要因や本質的な原因を探るための方法論である。事故を起こしたシステムの構造をSTAMPのモデルを用いて可視化し、体を俯瞰しつつ、事故の原因であるシステムの構造的な問題を分析する様子を示す。事故発生時の実際の行動が不適切に行われた直接の原因から、その上位の原因を分析していくというのが分析の大きな流れである。高抽象度のモデルを用いて全体を俯瞰し、要点を発見するというシステム思考の特徴を示す一例となっている。

　このように、CASTはコントロールストラクチャ図により、どのコンポーネントがどのような相互作用を与えているから事故が起きた、という流れを可視化し、さらに責任と権限を可視化する手法である。CASTは、事後分析であることから、次のような特徴を持つ。

① 事故のおきた下位レベル（物理レベル）から上位レベル（システムレベル）へと分析対象を拡げていく。

② すでに存在するシステムに対して、全体俯瞰のうえ改善勧告を出す。これらの特徴は事例分析によって明確化された。

2.5　CASTのセキュリティインシデント分析への応用

2.5.1　情報システムのセキュリティインシデント分析事例

　CASTをセキュリティ事故の分析に適用できることや手法としての有効性を示すため、事故調査案件を対象に分析を行い、評価した[27]。

【産総研の情報システムに対する外部からの不正なアクセスの概要】
発生日時：2018年2月6日
産総研の主たる情報システムである。
① クラウドサービスを利用するメールシステム。

② 独自に構築する内部システムの双方に順次不正なアクセスが行われた。

→以下の一連の不正行為が行われた。

① 職員のログインIDの窃取

② パスワード試行攻撃によるパスワード探知

③ 職員のログインID・パスワードを用いた、内部システムへの不正侵入

④ 内部システムのサーバの「踏み台」化

⑤ メールシステム及び内部システムの複数のサーバに保管したファイルの窃取または閲覧

　ここでは、国立研究開発法人産業技術総合研究所（産総研）の報告書[28]を対象として分析を行う。報告書は、2018年2月に発行された情報システムに対する外部からの不正なアクセスについて被害状況、原因などについて整理するとともに、情報セキュリティ対策を取りまとめたものである。なお分析の前提として、分析者は、報告書に記載されている調査結果などの事実を既知情報として入手したうえで分析を実施している。

　分析の目的は、セキュリティの従来分析（報告書の結論）とは違う観点で問題点を抽出し分析を行うことで、報告内容だけでは見えていない問題を抽出できることをもって有効性を示す。

　本分析では、分析手順（Step 1からStep 5）に、参考文献[1-5]に示されるCAST分析手順（CAST1からCAST9）を対応付けし、分析を実施した（図2.27）。手順をステップに変換したのは、分析手順（Step 1からStep 5）は最近発刊された実務者用ハンドブック[30]に沿っているが、元来の意図も踏まえて分析するためである。

　Step 2からStep 4まではシステムと運用保守、セキュリティマネジメントに分けて分析を行い、Step 5では両方を組み合わせて分析結果をまとめた。

(1) Step1：基本情報の収集

　産総研の不正アクセス事例は、情報セキュリティに対する意識が低いことで発生した事例であるため、アクシデントを「不正に内部システムに侵入され

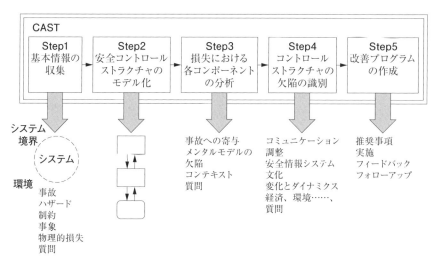

Step1＝CAST1、2、4、Step2＝CAST3、Step3＝CAST5、Step4＝CAST6、Step5＝CAST7、8、9

図2.27　CAST Handbookの手順と本事例[1-30]

る」と定義し、アクシデントとなり得るハザードとハザードの裏返しとなる安全制約を導き出した結果の一部を表2.13に示す。

　What-Why分析により、What（何が起きたのか）とWhy（原因究明のため明らかにしたいこと）を明らかにし、各イベントが発生した理由に対して、調査の結果回答が必要と思われる質問を生成した結果を表2.14に示す。

⑵　Step2：安全コントロールストラクチャのモデル化

　対象システムにおいて、安全を保つために存在したと考えられるコントロールストラクチャ図を作成した結果を図2.28に示す。

⑶　Step3：損失における各コンポーネントの分析

　事故への寄与、メンタルモデルの欠陥、コンテキストへの質問などを通じ、具体的コンポーネント（物理モデル）の分析を行う。安全上の責務、非安全なコントロールアクションについて、具体的なコンポーネント（メールシステム）に対し、分析した結果を表2.15に示す。

表2.13　アクシデント／ハザード／安全制約

アクシデント	ハザード	安全制約
A1.不正に外部から内部システムに侵入する。	H1. 外部から内部システムに入る経路に防御策がない。	SC1. 外部から内部システムに入る経路に防御策がある。
	H2. 外部から内部システムの入り口に攻撃を受ける。	SC2. 外部から攻撃を受けない。 SC3. 外部から攻撃を受けてていることを検知できる。

表2.14　イベントチェーンと質問生成（一部抜粋）

ID	損失に近接する「システム、運用保守」上の発生イベント (What?：何が起きたのか)	各イベントが発生した理由の説明に対して。回答する必要がありそうな質問を作成 (Why?：原因究明のため明らかにしたいこと)
0	何らかの手法により職員のアカウントへ不正ログインさせた。	Q0-1. なぜ、不正ログインを検知できなかったか？
1	外部ネットワークに構築した認証サーバに対して、パスワード試行攻撃（ブルートフォース攻撃）が行われた。	Q1-1. なぜ、パスワード試行攻撃検知できなかったか？ Q1-2. なぜ、認証サーバは外部ネットワークに構築されていたのか？　リスクは考慮されていたか？ Q1-3. なぜ、認証サーバのアドレスが特定されたのか？

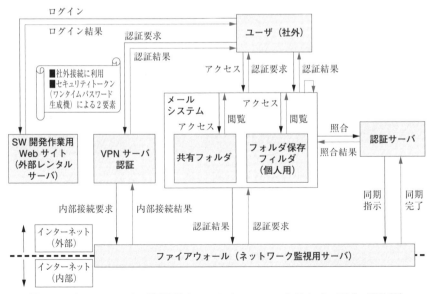

図2.28　システムおよび運用保守のコントロールストラクチャ図（一部抜粋）

表2.15　具体的コンポーネントレベルでの分析 (一部抜粋)

No.	カテゴリ	インシデント発生事象	CAST5-1 安全上の責務 (責任)	CAST5-2 非安全なコントロールアクション
1	システム(外部)	メールシステム	・認証サーバでユーザIDおよびパスワードの照合を行い、照合結果が一致したユーザのみにアクセス許可を与える。 ・照合結果が一致しないユーザにはアクセス許可を与えない。 ・ログイン用のIDを各職員が独自に決める任意の文字列である「パスワードが2つある」のに近い設計となっていたことから、「リスト型攻撃」に耐えられる想定だった。	① 同一ユーザIDのログイン試行失敗に対して何もしなかった。 ② アクセスしているのが正規ユーザか攻撃者か判別できなかった。 ③ キーボード配列のままのパスワードを許容していた。 ④ 攻撃者からの攻撃に対し、監視者は「攻撃は失敗している」と判断した。 ⑤ サーバ所有者 (産総研) は攻撃を受けたことに対して何もしなかった。 ⑥ 正規ユーザが不正ログインされていることに気づかなかった。

⑷ Step4：コントロールストラクチャの欠陥の識別

コンポーネント単体ではなく、複数のコンポーネントがかかわり合って発生した事象を抽象的事象 (論理モデル) と捉え、コントロールストラクチャの欠陥を識別する。考慮する体系的な要因には、コミュニケーション調整、安全情報システム、文化、変化とダイナミクス、経済、環境などがある。

表2.16には、内部ネットワークへの侵入という一連のインシデントを分析した結果の一部を示す。

⑸ Step5：改善プログラムの作成

CAST6で識別した8つの抽象化コンポーネント (システム／運用：5コンポーネント、セキュリティマネジメント：3コンポーネント) と4つのシステミック要因を表2.17のように置き換え、Step2から4で特定した欠陥がどのコンポーネント、どのシステミック要因に当てはまるかを分類した結果を表2.17に示す。

各欠陥がStep2から4実施時に分類したものを●、Step5分析で他コンポーネントや他システミック要因に影響する可能性があるものを◎として分類したものである。◎分類はログイン認証機能、不正監視機能、内部ネットワークへの侵入などから多くあがった。Step2から4のコントロールループレベルの分

表2.16　抽象的コンポーネントレベルでの分析（一部抜粋）

No.	カテゴリ	インシデント発生事象	CAST6-1 安全上の責務（責任）	CAST6-2 非安全なコントロールアクション
2	システム（外部）	内部ネットワークへの侵入	・ログインIDおよびパスワードの照合を行い、ユーザに認証結果を返す。 ・ソフトウェア開発の自動化をサポートするために、X研究サーバ内の仮想マシンを遠隔操作して任意のコマンド実行を行う。 ・FWの内側と外側を接続する場合はしかるべき機関に申請し、所有者、設定、IPアドレスなどを管理する。	・IPアドレスの全域に対してポートスキャンを実施された。 ・FW外側から内側のマシンを遠隔操作できた。 ・逆向きの設定を想定外の環境下で使用した。 ・FWの内側と外側を接続するサーバを構築した際、所定の手続きを行っていなかったため、サーバの存在が隠蔽された。

表2.17　システムの俯瞰分析（一部抜粋）

欠陥	システム／運用					セキュリティマネジメント			CAST7				CAST8
	ログイン認証機能	不正監視機能	内部ネットワークへの侵入	内部システムへのログイン制御	内部システムのアクセス権昇格	マネジメント体制（本部）	マネジメント体制（各研究部門）	情報セキュリティ監査体制	情報交換と相互連携	安全な情報システム	安全なマネジメントシステムの設計	安全な文化	経時的な変化とダイナミクス
攻撃者からの攻撃に対し、監視者は「攻撃は失敗している」と判断した。		◎			●			◎		●		◎	◎

●：直接的な要因　　◎：直接的な要因から影響すると思う要因

析によりシステムレベルに着目した影響範囲を分析することができた。

　この◎がついた他コンポーネントや他システミック要因に影響する可能性があるものについて分析を行うと、事故時の産総研のシステムでは、表2.18のような弱点の傾向がみられ、新たな改善案を導き出すことができた。

表2.18　事例の特徴／分析結果と改善案（一部抜粋）

項	特徴	分析から見える弱点	新たな改善案
1	侵入に関するもの	**アクセス元の信頼性の欠陥** VPNや二段階認証の導入を対策としているが、固定のID、パスワードは下記手段により解読の可能性があると考えられる。 ―盗み見 ―キーロガー ―総当たり攻撃など	**●正規ユーザ認証の強化** 認証要求元が、産総研が認めた正式なユーザであることを証明できるデータを認証要求データに組み込む。 例：ワンタイムパスワードの導入 　　電子証明書によるアクセス元の信頼性向上

(6)　評価

　産総研の不正アクセス事例は、システムだけの問題ではなく運用保守やセキュリティマネジメントの点においても欠陥があり、各コンポーネントで顕在化した欠陥の対応策が多かった（表2.19）。CASTは非安全なコントロールアクション（以下、CA）とコンテキスト要因を同時に分析し、問題の直接原因と問題を発生させる背後要因を抽出できる手順であり、その結果、背後要因に対して報告書にはない新たなリスク・課題の検出ができた。

　特にマネジメント面は、強化、見直しなどの曖昧な表現が多かったが、システムミック要因からマイスター認定制度など導入によるスキルアップなど、具体的なシステム上の対応策を導出できた。

　CASTには“CAはそれが適切と判断して人を含めた各コンポーネントが実行している”という前提があるため、非安全なCAを適切と判断させた状況やその原因に対する議論が中心となり、特定の人のミスであるといった具体的なコンポーネントへの議論の偏りや非難は発生しなくなった。またコンポーネントの判断状況をシステム全体に視野を広げたことで、仮説が自由に発想できた。

(7)　CASTをセキュリティインシデントに用いる意義

　CASTはセーフティの事故分析手法であるが、本稿ではセキュリティインシデントへの適用を試みた。セーフティはフィジカル、セキュリティはサイバーを主たす対象としている。そこで本稿ではサイバーの相互作用を捉えることでセキュリティも扱えるようにした。

　従来、ITセキュリティは発生したインシデントに対する対応が中心であり、

表2.19　CAST分析で新たに導き出した改善案（一部抜粋）

被害を発生、拡大させた要因（本文と連動）	防止のための対策（産総研の報告） 7.1.現時点で措置済みの対策（応急的対策）	CAST分析で新たに導き出した改善案
6.1.システム、機能の問題		
6.1.1.メールシステムのログイン方法	○外部からはVPN接続を必須とする運用とし、さらに、内部ネットワークからログインする場合でも、一定期間ごとに二段階認証を求めるよう認証方式を強化した。	●正規ユーザ認証の強化 認証要求元が、産総研が認めた正式なユーザであることを証明できるデータを認証要求データに組み込む。 例：ワンタイムパスワードの導入 　　電子証明書によるアクセス元の信頼性向上
6.4.マネジメントの問題		
組織、体制上の課題	対策なし	●意識改革スキルアップ インシデント訓練に加え、ワークショップやマイスター認証制度導入などの対策を組み込む。 ●常時監視、常時探知、常時追従が行える仕組みの検討 アクションの頻度を上げ、セキュリティ監査位階のアクションで差分追従が可能な状況にする。 例： ・監視情報をデイリーで取得、検知条件を設定化し、照合を行う。 ・監視対象の変更の登録箇所を制定し、変更発生時は必要関係部署へ通知する。 ・監査側のセキュリティ監査内容見直しも週次で行う。 ●当事者意識の醸成 ゼロトラストネットワークの前提に、もとづいた設計を行い、その理念を共有することで、責任者の当事者意識を育てる。

そのインシデント対応は主にソフトウェアの脆弱性に対する攻撃にシステム運用段階で対処することである。本書で分析対象にした事例もシステム運用段階でのインシデントである。

　ミッションクリティカルなシステムでは運用段階でのインシデント発生はその社会的影響は甚大である。また、この事例はITシステムのインシデントであるため、人の生命や健康などセーフティにかかわるインシデントになっては

いないが、自動運転や医療機器などを含めたシステムのセキュリティ攻撃ではセーフティに影響を与えることが大いに発生し得る。それゆえ、CAST分析手法を今後、セキュリティに用いることは重要である。

本章では、システム理論とSTAMPの理論的背景、モデリング、国内外の普及状況、STPAとCASTのセーフティとセキュリティへの適用事例などを紹介した。筆者は事故分析手法CASTの重要性を深く認識し、IPAでのガイドブックにおけるCASTの紹介文の多くを執筆し、MITから近年発刊されたCAST Handbookも翻訳に携わった[1-30]。さらにサイバーセキュリティにCAST適用や自動運転事故へのCAST適用を国内初の試行をしてきた。

CASTへの思い入れが強い理由は、「日本人には不確実な未来のリスクを分析するより、現実におきた事故に学び、設計を改善していくほうが向いている」と思うからである。そして、セーフティとセキュリティの事故を防ぐための分析を学術的に研究し、産業界で悪戦苦闘をしている技術者に有用な対策を見出せる研究をしようと考えている。具体的には5階層モデルの全体から捉えた事故要因を分析するCASTの拡張分析手順やAIの挙動の不確実性を踏まえ、ソフトウェア起因の事故について深堀りしたAIシステムの相互作用の分析である。いつか、この研究の成果を示せるように、さらなる研究に取り組みたいと思う。

Column 2　デジタルフォレンジック

インシデントや事故の多発により、物理空間に留まらずそれらの被害や形跡が広がったサイバー空間においても証拠保全などの必要性が高まってきた。デジタルフォレンジックとは、こうした電子的な証拠が法的な場でも使用できるようにする技術などをさし、警察では、「犯罪の立証のため電磁的記録の解析技術およびその手続」と定義し、客観的証拠収集のため強化を図っている。

一般的な実施手順は、①事前準備、②データの収集(データ保全ともいう)、③データの復元(データ検査ともいう)、④データの分析、⑤報告、という流れになる。

「①事前準備」では、収集すべきログを選択する技術、ログ不正消去防止技術・改ざん検知技術が必要である。「②データの収集」では、ディスクからの

データ取り出し技術、調査者に不正がないことの心証形成技術（この技術は、収集から復元、分析にいたる過程すべてが対象）が要求される。「③データの復元」では、先のデータ復元技術の他に、暗号化されたファイルの復号技術が、「④データの分析」では、所謂ビッグデータと呼ばれる大量のデータから有用なデータを効率よく抽出する技術が必要である。

　内閣サイバーセキュリティセンター補佐官を務めた日本のセキュリティ分野の大家である東京電機大学の佐々木良一名誉教授はデジタルフォレンジックを長く研究されており、デジタルフォレンジックの中でも重要な役割を果たすものは「データ復元技術」であるという。ファイルのデータ構造は、管理情報と実データに分かれていて、通常のデータ消去では管理情報を削除状態にすることでファイルの実データが見えないようにしているだけである。データの復元の技術を使って管理情報を削除状態からもとに戻すことで実データが上書きされていなかった場合はファイルを復元できる。メールなどの情報のほか、東日本大震災で水没したPCのハードディスクや、2003年2月1日「コロンビア号空中分解事故」において、地上にたたきつけられたハードディスクからのデータ復元に成功したという事例もある。

　このように物理と電子、データと人といった異なる要素にまたがる重要かつ高度な技術群であるため法的な場面でも有効性を示すことができる。

第3章

レジリエンス・エンジニアリングと FRAM

　回復力を意味する「レジリエンス」は近年、注目のキーワードである。

　「困難から回復する力」などの意味をもつレジリエンスを工学的に扱うことを提案したのがレジリエンス・エンジニアリングの権威であるエリック・ホルナゲル教授である。2017年に初めて会ったとき、私は「セキュリティ・レジリエンス」についての講演を依頼した。レジリエンスがセーフティのみならず、セキュリティに大きな影響を与えるであろうことを想定し、それを理解したかったからである。それから2年後の訪日の際、FRAM講演会で初めて「セキュリティ・レジリエンス」[1]について語ってくださった。

　本章ではレジリエンス・エンジニアリングとFRAM分析手法の概要を示し、「セキュリティ・レジリエンス」については3.3節に日科技連のSQiP研究会で作成した研究事例を提示する。本研究事例は、航空宇宙システムの設計と監査に長年携わり、日本のレジリエンス・エンジニアリングをけん引しておられる野本秀樹氏に指導を受け、実施してきたものであり、心より感謝している。

3.1　レジリエンスとレジリエンス・エンジニアリング

　「安全とは受容できないリスクがないこと」とするセーフティの考え方だけでは十分な結果が得られないとして、レジリエンス（Resilience）という考え方が登場している。

　レジリエンスとは「システムが想定された条件や想定外の条件の下に要求された動作を継続するために、自分自身の機能を、条件変化や外乱の発生前、発生中、あるいは発生後において調整できる本質的な能力」のことである。

　レジリエンスとは復元力、回復力を意味する言葉であり、東日本大震災（2011年3月11日）などの破壊的な被害から注目を浴びるようになった概念である。

　レジリエンスは「弾力」や「弾性」といった物理学の世界で使われていたものが、心理学で逆境や困難、強いストレスに直面したときに適応する精神力と心理的プロセスなどとされ、人間の回復力に使われるようになり、マスコミの報道などでもよく目にする言葉となってきている。

　レジリエンス・エンジニアリング[1-6][2]では、「安全は変化する条件下で成功する能力である」と定義する。レジリエントなシステムは、大規模な変動や外乱が生じて、従来までの動作を継続できなくなった場合においても、決定的な破局状態は回避しつつシステムとして稼働を続けることができ、状況に応じて活動目標の優先度を能動的に修正することで稼働を継続するというプロアクティブな行為選択を実施する。

　環境に応じて挙動を非決定論的に変える人工知能など、安全を確保するための固定の仕組みが想定しにくいシステムでは、どんな機能が安全を制御しているのか事前に絞り込むことは難しい。このようなシステムをも安全解析の対象にしてモデル化を行うためには、そもそも安全をもたらしている仕組み自体を発見する手法が必要となる。レジリエンス・エンジニアリングの提唱者で世界的権威であるホルナゲルは、「レジリエンス・エンジニアリングが提唱することの1つは、「物事が正しい方向へと向かうことを保証する、すなわち、うまくいっていることから安全を学ぶ」という新たな考え方への変革を促すことだとしている。

　複雑な工学システムにおいては、重大な事故や損失が起こってから対応するのでは社会的影響が大きすぎるため、「うまくいっていることから安全を学ぶ」という考え方を取り入れることが必須である。

　特に一般道路上での自動運転などの分野で早急に解決されなければならない問題に「ソフトウェアにより高度に自動化されたシステムの安全化」がある。従来は「バリアを設けること、あるいは危険状態を検知して積極的に制御をかけることが有効である」という前提条件の下で成り立つ戦略がもっぱら採用され、一定の成果を上げてきた。しかし、一般道路上での自動運転のように、「自動運転用人工知能を搭載した自動車や不特定多数のエージェントが自由に行動する現実・仮想の空間をどのように安全なものにできるか」という課題は、危険状態を検知して積極的に制御をかけるだけで実現できるわけではない。このようなIoTシステム空間をAIや人間、多数の関係者が行きかうような複雑な状況の安全化にこそ、レジリエンス・エンジニアリングが有効であると期待さ

れている。

3.2 機能共鳴分析手法FRAM

　レジリエンスの概念にもとづいて開発されたモデル化手法に、機能共鳴分析手法(Functional Resonance Analysis Method：FRAM)[1-13] がある。FRAMは新たなモデルを見出すための分析手法である。FRAMは、レジリエンス・エンジニアリングにおける分析手法であり、動的システムにおけるリスクの特定などに用いられる。FRAMでは、複数の機能とそれらの関係によって分析対象のモデルを記述し、各機能が互いにどのように影響しているか(機能共鳴)を分析する。

　FRAMにおける機能とは「目的を達成するために必要な手段」である。機能は活動のセット、人や組織が特定の目的を達成するために行わなければならないことをさす。例えば、救急救命室の機能は搬送された患者をケアすることである。

　従来の安全解析は、FTA(Fault Tree Analysis)のようにハザードの発生など、システムが失敗する事象を定義し、その原因を分析してゆくものである。これに対して、FRAMはシステムの失敗事象を何ら定義せずに分析を行うことに大きな特徴がある。これは、安全に対する考え方の違いから生まれる特徴である。

　FRAMは以下の4つの原理を基盤としている。

① 「**失敗と成功の同義性**」：失敗と成功は同じ起源をもつという意味で等価である。すなわち、物事は同じ理由で良い方向にも悪い方向にも向かう。

② 「**だいたいの調整**」：科学技術にもとづく人工物は、ある程度一定のパフォーマンスを生むように最善の設計、製造、維持がなされている。しかし、個人あるいは集団といった、人を含む社会技術システムの日々の挙動はつねに回りの状況・条件に変動しているが、だいたいの調整により適用している。

③ 「**発現**」：顕在化した多くの結果は気づかれていない結果と同様に、結果として起こったもの(resultant)ではなく、発現(emergent)したものとして記述する必要がある。

④ 「**機能共鳴**」：システムの機能間の関係や依存性はあらかじめ定められた因果関係としてではなく、ある特定の状況で発現するものとして記述する必要

がある。そのために機能共鳴の概念を用いる。

もう1つのFRAMの特徴[3]にボトムアップ分析がある。

FTAはハザードをトップ事象として、その原因を詳細に分解してゆく。STAMPはハザードをトップ事象とし、ハザード制御がどのように破たんし得るのかをトップダウンに詳細化してゆく。

一方、FRAMはまず個々の機能の詳細な定義から始め、分析の結果として全体ネットワークがモデル化され、システムの成功要因が導出される。従来の手法が演繹法であり、「失敗にもとづく分解」を行っているのに対し、FRAMは帰納法であり、「成功にもとづく統合」を指向している。

現代社会のインフラである社会技術システムは大規模、複雑化の一途をたどっているが、わずかな機能の噛み合わせの狂いにより、大事故を起こす危険をはらんでいる。FRAMは、こうした事故を防止するための分析・評価手法として期待されている。

FRAMは、各機能を5つの入力と1つの出力で表現し、機能を中心にシステムのモデル化を行う。そのため完成したモデル図を見ることで、「なぜこのシステムは成功してきたのか、このシステムの強み（ストロングポイント）はどこか、どのような仕組みでこのシステムは成功を狙っているのか」といったポイントを発見することができる。これは成功要因を探索する分析となり、従来のハザード解析が事故や失敗事例を基とした失敗要因を識別し安全化を図る分析とは大きく異なる仕組みとなる。

野本らは人間や動植物の不確実性・しなやかさに着目し、成功要因の分析を目指す安全工学として、レジリエンス・エンジニアリングを提示[4]しており、カオス状態の駅のコンコースで不特定多数の人が勝手気ままに歩いても通常、トラブルが起きない理由をFRAMで分析している。どこにでも行き先表示板があることがこの成功要因であり、STAMPの制御構造と比較すると、大きな戦略の元に戦術を立てて実行するという計画性はなく、ボトムアップなプロセスであるという特徴がある。この特徴は渡り鳥の群れなどが戦略を立てなくても全体システムとして動けることに似ているとしている。

また、FRAMのモデルの特徴の識別方法を記述した論文[3]において、FRAMでモデリングしたうえで、機能と機能の関係性を評価するためにカテゴリ化やネットワークトポロジーごとに着目点の識別方法を示している。例えば、複数からのインプットを入力するのはツリー型、複数の宛先にアウトプッ

トを配信するはスター型と分類される。ツリー型＆スター型というのは、この機能がゲートウェイであることを示している。

3.2.1 FRAM分析手順

FRAM分析のStep0からStep 4までの手順概要を示す。

【Step0】FRAM分析の目的を認識する

　事故調査の場合、FRAMでは、正しく進むべきだったがそうならなかったことを探す。リスク分析の場合は、典型的なケースで何がおき、絶えず変動するパフォーマンスがどのように良い方向や悪い方向へ影響するかを理解する。

【Step1】機能を同定し、記述する

　ここで同定された機能がFRAMモデルの構成要素となる。目的を達成するための必要な手段である機能はいつも活動であり、動詞節を含む。一方、機能の必要条件は状態であり、名詞節である。

【Step2】変動の同定

　特定した機能の変動を特徴づける。技術的機能と人間的機能、組織的機能に分けるとわかりやすく、汎用性がある。

【Step3】変動の集約

　モデルの具体化（インスタンス）において、機能の変動がどのように他の機能と結合する必要があるかを理解し、これが予期せぬ結果を導く可能性があるかどうかを確定する。

【Step4】分析の結果

　制御されていないパフォーマンス変動が起こる可能性を管理する方法を提案する。

以下、FRAM分析手順をステップごとに解説する。

① **【Step0】FRAM分析の目的を認識する**

　その分析が発生した事故分析なのか、将来予測のリスク分析なのかを明確にする。そのいずれかにより、その後のステップのための場面設定が異なるためである。事故調査は通常、物事がなぜ悪い方向へ向かったかを探すが、この考え方は何かが失敗や故障しない限り、機械は意図したように動くという前提か

らきている。この前提はなされたこと（WAD：Work-as-Done）と期待された
こと（WAI：Work-as-Imagined）の間に完全な一致がなければならないことを
意味する。

　しかし、人や組織が含まれる社会技術システムの場合、「システムは複雑で
日々の仕事のようにおおよその適用で動いている」ため、完全な理解が成り立
たないため、この前提自体が成り立たない。WADとWAIの違いはエラーと
違反に帰するのではなく、日々のパフォーマンスが成功するための必要な適用
の現れとして捉えるべきである。

　事故調査の場合、FRAMでは、正しく進むべきだったがそうならなかった
ことを探す。リスク分析の場合は、典型的なケースで何がおき、絶えず変動す
るパフォーマンスがどのように良い方向や悪い方向へ影響するかを理解する。

② 【Step1】機能を同定し、記述する

　調査の対象となる状況での日常業務において求められる機能を同定し、対象
となる活動のFRAMモデルを得る。なお、目的を達成するための必要な手段
である機能はいつも活動であり、動詞節を含む。一方、機能の必要条件は状態
であり、名詞節である。

　FRAMは、分析対象システムの「機能」を1つの六角形で表し、その「機能」
が実行されるために必要な各種条件（5つの要素：トリガー、前提条件、資源、
時間制約、制御）と、出力情報を定義する。

　入力（I：Input）は機能を開始する物、エネルギー、情報などのトリガーを
さす。

　出力（O：Output）は機能が行ったことの結果であり、物、エネルギー、出
された指令や意思決定の結果などの情報を表す。

　前提条件（P：Precondition）は、入力によって機能が開始される前に満たさ
れるべき状態である。

　資源（R：Resource）は機能が実行されている間に必要とされる物、エネル
ギー、情報、能力、ソフトウェア、ツール、マンパワーなどである。時間（T：
Time）は機能の実行に影響を与える時間制約である。制御（C：Control）は所
望の出力が得られるように機能を監視し、調整するものであり、プランやスケ
ジュール、手順、ガイドラインや指示のセット、プログラム（アルゴリズム）、
計測と修正などをさす。

　1つの機能から出力される情報は他の機能の入力となるが、それは、5つの

入力要素のうちのどれかになる。分析象システムの中の最も重要そうな機能に関して、6つの側面を識別する（図3.1）。

③　【Step2】変動の同定

対象となる活動のFRAMモデルをインスタンス化し、特定した機能の変動を特徴づけるため、潜在的変動と実際的変動を評価する。機能の変動は表3.1のようなモードの過誤で把握する。このとき、日常の変動だけでなく、起こり得る過度の変動についても検討する。技術的機能と人間的機能、組織的機能に分けるとわかりやすく、汎用性がある。

技術的機能はさまざまな「機械系」によって実行される。航空機、銀行、製造ラインなどそれぞれの業務領域に依存し、分析対象となるシナリオの中で顕著に変動することはないことを仮定している。しかし、実際には傷や摩耗による劣化やソフトウェアの不具合や保守の不足などによって起こるセンサーの誤

入力（I）　　　機能の動作トリガー
出力（O）　　　機能の出力
前提条件（P）　機能実行前の事前条件
資源（R）　　　消費される資源か機能実行条件
時間（T）　　　機能実行における時間制約
制御（C）　　　機能の挙動方法を操作する条件

（出典）　Erik Hollnagel：“FRAM：The Functional Resonance Analysis Method A brief Guide on how to use the FRAM”, 2018. https://functionalresonance.com/onewebmedia/FRAM%20Handbook%202018%20v5.pdf

図3.1　FRAMの6つの側面

表3.1　モードの過誤

速度	速すぎる、遅すぎる
距離	遠すぎる、近すぎる
流れ	反転、繰り返し、委譲、割り込み
物	誤った動作、誤った物
力	大きすぎる、小さすぎる
時間	長すぎる、短すぎる
方向	誤った方向
タイミング	早すぎる、遅すぎる、欠落

作動などの変動はある。

　人間的機能は変化への反応が早く、周波数が高く、振幅が大きい。組織的機能は活動内容が明確にされた集団であり、人間によって構成されるものではあるが、組織はばらばらの個人の集まりがなし得るものを超えたものを生み出すため、人間的機能を調整させる。

　組織的機能は周波数が低く、振幅が大きい。モデル（クラス）の機能が持つ潜在的な変動とモデルの具体例（インスタンス）における機能がもつ実際に予定される変動の両方を含める。なお、特定の状況をインスタンスといい、そのような特定の状況を考える行為をインスタンシエーションという。

④　【Step3】変動の集約

　どのような変動が増幅（共鳴）あるいは減少するかを理解するための基礎として、考えられる機能的な上流と下流の結合を記述する。上流とは他の機能より前に行われ、それゆえ、それらの影響を与えたであろう機能を上流機能と呼び、他の機能の後に行われ、それゆえ、それらの影響を受けたであろう（あるいは受けた）機能を下流機能と呼ぶ。それらのインスタンス化において機能の変動がどのように他の機能と結合する必要があるかを理解し、これが予期せぬ結果を導く可能性があるかどうかを確定、所与のインスタンスに対して起こり得る結果の評価をする。変動がどのように結びついて想定外の結果を引き起こすのかを知る、つまり、どのような機能の共鳴が起きるのかを知るためには、機能の上流・下流間結合という概念を用いる。

　「カップ麺を楽しむ」という機能を分析する例（図3.2）で機能の上流・下流間結合を5つの入力要素から考えてみると①から⑤となる[5]。

【「カップ麺を楽しむ」の5つの入力要素】

① 「お湯をそそぐ」動作のきっかけとなる入力トリガーは何かを考えると、「お湯を沸かす」機能から沸いているお湯が入力されることである。

② 「お湯を注ぐ」動作の前提条件として、カップの蓋を半分あける状態が必要である。

③ 「お湯を注ぐ」動作をどこまで実施するかを制御している条件は、説明書を読んでマークまでというガイダンスを満たすことである。

④ 「蓋を閉めて重しをする」ために必要となる資源として箸などの準備をする。

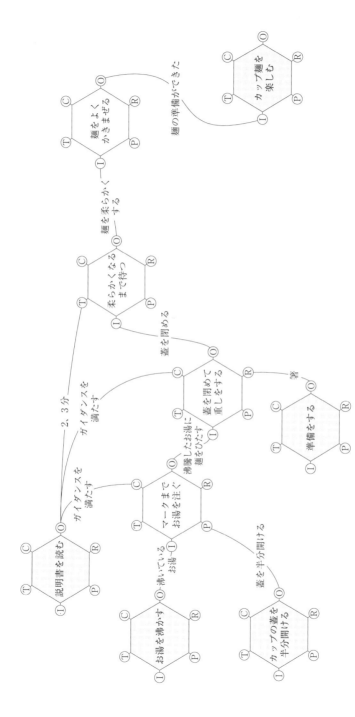

図3.2 ［カップ麺を楽しむ］の機能分析

(出典) Erik Hollnagel："FRAM：The Functional Resonance Analysis Method A brief Guide on how to use the FRAM"．2018.を参考に作成

⑤「柔らかくなるまで待つ」ための時間制約は説明書を読むと2〜3分である。

⑤　【Step4】分析の結果

前ステップの結果の評価をもとに制御されていないパフォーマンス変動が起こる可能性を管理する方法を提案する。モニタリング（KPI）やバリア、フィシリテータを含む是正処置に関する提案を作り出す。

また、2020年からFRAM Model Visualizer（FMV）[7] の他に新たなツールFRAM Model Interpritor（FMI）[7] が誕生し、シミュレーションなどができるようになった。

3.3　セキュリティ・レジリエンス

従来のセキュリティ対策は多層防御壁を設ける形式で対処を図ってきた。例えば、システムを使うためには、複雑なパスワードが必要であるとか、機密情報の取り扱いのために複雑な業務プロセスが適用されるといったものがそれにあたる。その結果、セキュリティ向上のため大きな障害として、防衛のためのコストが高い、性能・価値などとのトレードオフが生じた。これらは、保護対象守るための仕組みからの副産物である。

一方、レジリエンス・エンジニアリングは、多層防御壁セキュリティではなく、ダイナミックに変容できる柔軟性こそがセキュリティを高めると主張した。ホルナゲルは、セーフティとセキュリティの最大の相違点は、各々が扱わなければならない脅威の「種類」であるとする。すなわち、セーフティが扱うのは、部品の故障、制御の破綻など、予測可能な脅威（Regular Threat）である。それに対して、セキュリティが扱うのは想定外の経路からの侵入など、予測不可能な脅威（Irregular Threat）であるとしている。

既知の脅威に対しては、強固な防御壁は有効であり、強固なシステムの構造によって、既知の脅威からシステムを保護することが可能であるが、未知の予測不可能な脅威に対して前もってシステムの防御を用意することは、「ほぼ不可能」としている。ホルナゲルによれば、予測不可能な脅威に対抗する唯一の手段は、防御ではなく、よりアクティブな手段である [1]。

つまり、セキュリティ・レジリエンスでは、新たな防衛機能を追加するのではなく、レジリエンス・エンジニアリングと同様に、以下の4つの能力を重視し、セキュリティ向上能力として高めることでセキュアな（安全が保証された）環境を実現すると主張する（図3.3）。

【セキュリティ・レジリエンスが重視する4つの能力】

① 監視する（Monitor：危険な予兆を察知する能力）

② 反応する（Respond：予兆に素早く反応できる能力）

③ 学習する（Learn：過去の成功・失敗から学ぶ能力）

④ 予測する（Anticipate：将来のリスクを予測する能力）

では実際に、セキュリティ分析・設計はいかに行うのであろうか？　その具体的な方法は、3.3.1項に示すレジリエンス・エンジニアリング分析手法である。

ここでは、レジリエンス・エンジニアリング分析手法は、FRAM（Functional Resonance AnalysisMethod：機能共鳴分析手法）を使って示す。

FRAMは、4つの能力を「レジリエンスの指標となる4つの機能」として効率的に運用するための分析を行う手法である。FRAM分析により、組み込む場所を設計する。FRAMという分析手法を簡単にまとめると、機能と機能がどのように影響しあい、依存しあい、強めあい、弱め合っているのか（機能共鳴しているのか）を分析する手法ということになる。

FRAMには従来のセキュリティの特徴である「守る」という機能は入っていない。それは、危険の予兆を監視し、それに迅速に反応できる能力、過去の傾向から学習し、そこから未知の脅威を予測する能力を重視しているからである。「学習機能」「監視機能」「予測機能」を、セキュリティ・レジリエンス実現の機能とするのである。

（出典）　Erik Hollnagel, "TO FEEL SECURE OR TO BE SECURE, THAT IS A THE QUESTION", mini FRAMily in Japan 2018" をもとに作成

図3.3　レジリエンス機能

3.3.1　セキュリティ・レジリエンスによるインシデント分析事例

　FRAMの特徴に着目し、制御系のような動的システムだけでなく、情報システムにおけるセキュリティ事故分析に対しても有効な適用特性があると考えた。「セーフティ＆セキュリティ」分科会でFRAMを用いてレジリエンスの4機能を付加することでサイバーセキュリティ・インシデントにどのように対応できるかについて、分析した事例を示す。

　FRAMを安全分析に適用するうえでの従来の手法と異なる特徴は、分析対象における失敗事象をあらかじめ定義しない点である。レジリエンス・エンジニアリングの考え方において、安全は意図しない入力に対する柔軟性によって実現され、失敗はその柔軟性と他の要因との予期せぬ相互作用によって生じる。FRAMではこの考え方にもとづき、あらかじめ失敗事象を定義せず、各機能の関係性および相互の入出力の変動に着目した分析を行う。我々は、このような特徴に着目し、FRAMは、制御系のような動的システムだけでなく、情報システムにおけるセキュリティ事故分析に対しても有効な適用特性があると考えた。

(1)　FRAMを用いた分析

①　【Step0】FRAM分析の目的を認識する

　産業技術総合研究所報告書記載の事故事例を対象とし、FRAMを事故内容の説明および対策案の創出のために実験を行った[2-28]。この実験内容とそれをもとに、筆者が再作成した内容を提示し、課題に対するFRAMの適用特性について考察する。情報システムを構成する各コンポーネントの役割や性質を把握する。この段階では、重要なコンポーネントを決定しない。

②　【Step1】機能を同定し、記述する

　Step1で把握した各コンポーネントについて、機能を抽出する。この際、別コンポーネントで同様の性質を持つ機能がある場合は、1つの機能として抽象化して定義する。なお、抽象化とは以下のようなものである。

■抽象化の考え方
- 今回の情報漏えいは本人認証におけるアタックがスタートであるため、「本人認証機能」と「産総研・各研究部門のデータ管理機能」を中心に考える。

> - 産総研の内部NW（業務シスステムと各研究部門の各サーバ／NAS）へ
>   アクセスは、今回の情報漏えい元がX研の外部サーバであることから、
>   「産総研NWアクセス機能」として1機能として着目する。
>
> **■抽象化の単位：下記の機能単位に抽象化**
> - 本人認証機能は、メールサーバ利用の認証を実施。
> - 産総研・各研究部門のデータ管理機能は、メールサーバよりメール情報
>   を参照／送信／受信。
> - 産総研NWアクセス機能は、利用者の端末を論理的に業務システムや各
>   研究部門のサーバにアクセス可否の提供。
> - サーバは各研究部門のサーバ機能と運用系サーバ機能として定義。
> - 利用者は、本人認証がOKなら自分自身が利用可能な情報／データを利
>   用できる職員等、正当な利用者を定義。別に運用者も定義。
> - LDAP接続機能は、主に職員情報を管理。

③ 【Step2】変動の同定

　定義した機能を他の機能と接続していき、FRAM図にまとめることで可視化する。可視化のためのツールとしてFMV [7] を使用している（図3.4）。

④ 【Step3】変動の集約

　可視化したモデルを俯瞰し、接続数が多い、ループが存在するといった構造的な特徴を持つ機能に着目する。その機能の中から、成功要因となっている機能を選び中心機能とする。また、逆に中心機能が弱点となっている側面はないか考える。

　本事例の場合、実際におきた攻撃経路のシミュレートになる（図3.5）。その結果、攻撃経路において標的とされた機能が実際に中心機能となっているか確認する。

⑤ 【Step4】分析の結果

　Step3で定義した中心機能に着目しつつモデルと俯瞰し、中心機能が弱点とならないようなモデルになるよう、対策のために機能を追加する。さらに、ホルナゲルが提案した4つの能力に当てはまる機能を加えることでレジリエントな対策案を追加する（図3.6）。

　以下に改善の考え方とその実施例を示す。

a. 機能の定義

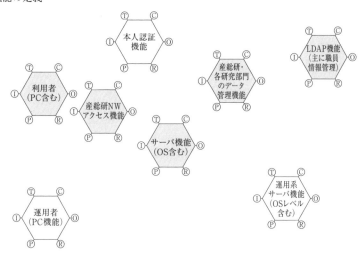

b. 機能の側面

機能名	本人認証機能
記述	メールサーバ利用の認証
側面	側面の記述
入力	利用者—メールの本人認証機能
	NWアクセス機能—本人認証機能へのアクセス
	本人認証機能—サーバ機能
出力	本人認証機能—データ管理機能
	本人認証機能—サーバ機能
	本人認証機能—LDAP機能
前提条件	
資源	
制御	本人認証機能への応答
時間	

c. 機能の変動

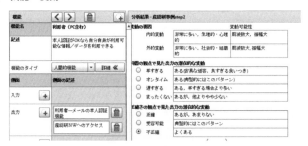

図3.4　FRAMのモデルによる通常の機能の可視化 (1/2)

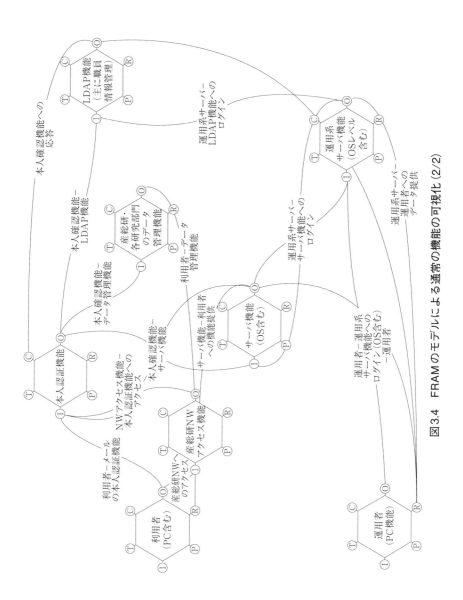

図3.4 FRAMのモデルによる通常の機能の可視化 (2/2)

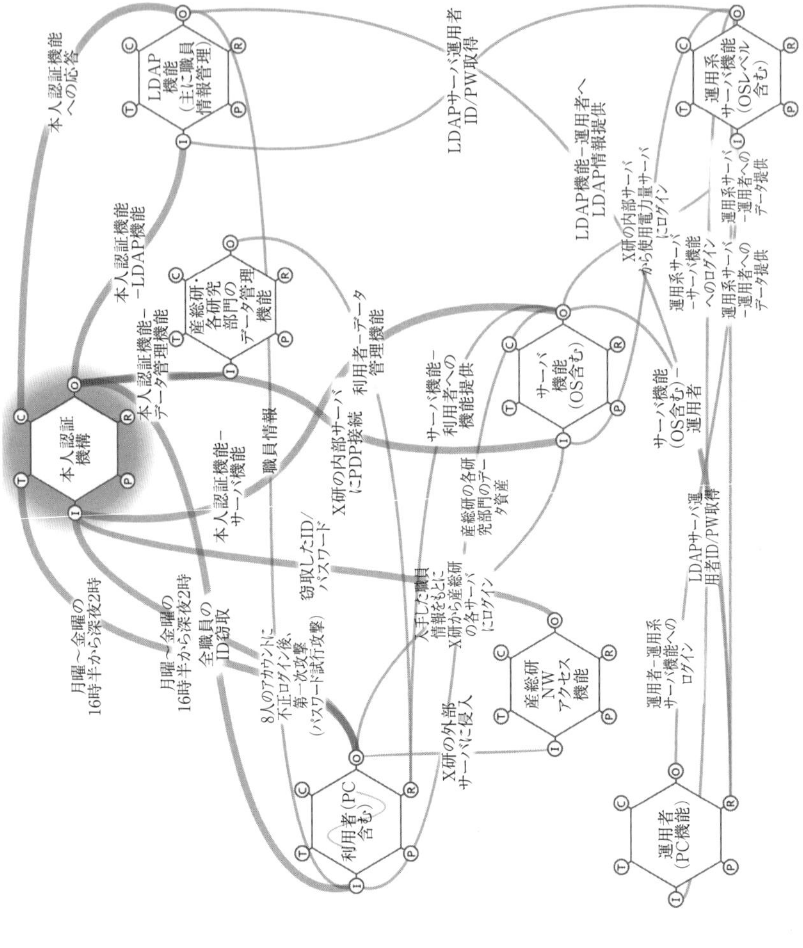

図3.5　FRAMのモデルによる攻撃経路のシミュレート

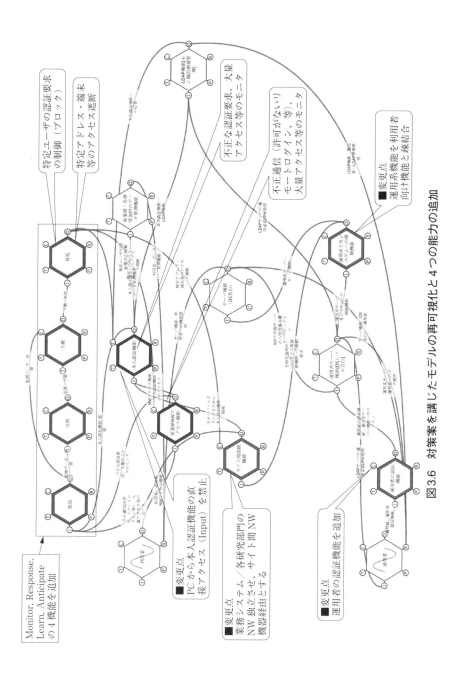

図3.6 対策案を講じたモデルの再可視化と4つの能力の追加

■**改善の考え方**

- 運用系は、職員など利用者が直接利用するサーバやノード関連と疎結合の状態にするため、運用系の機能と利用者が関係する機能との間に、「運用系→各システムの接続機能」（具体的には、運用系サーバと業務システム／各研究部門のサーバ間にFWもしくはNW機器）を導入。各研究部門のサーバから運用系サーバ／NW機器へのログインを禁止する。併せて、「運用者用の認証機能」を導入する。
- 職員などの利用者が「本人認証機能」に接続する前に、「産総研NWアクセス機能」経由とする。産総研NWアクセス機能としてどこまで機能強化（例：ワンタイムパスワードや端末認証）を具備するかは、言及しない。
- 業務システムと研究部門それぞれ間の機能を疎結合とするために、「サイト間接続機能」を導入する。具体的には、業務システムと研究部門それぞれNWを分離し、ある研究部門から、他の研究部門のサーバや業務システムに接続するためのFWもしくはNW機器を導入する。

■**改善に含めていない内容**

- 本人認証機能の強化（例、パスワードの複雑性強化、パスワードロック、多要素認証など）については、「本人認証機能」そのものに閉じる仕様（他の機能に影響しない）のため、ここでは言及しない

■**上記対策でも攻撃を防げないケース**

改善を実施しても対応できない場合が存在する

①　ID／PWがすでに出回っている場合

②　職員などの利用者のPCに侵入されている場合

どちらも、産総研の各システム（各研究部門のサーバも含む）は、「本人認証が正しく機能すれば、その人の権限にもとづいた情報資産にアクセスできる」というポリシーで設計しているからである。別の表現を用いると、「本人認証が正しいが、不正アクセスされている可能性の検討が抜けている」　⇒①の対策

- PWの全変更。その後の定期的なPW変更→人系の処理なので、いずれ同じPWに戻る可能性が高い
- 生体認証、ワンタイムトークンなどの多要素認証の導入　→コスト増、

利用者の作業負担など出る。⇒②の対策
- ウイルス対策ソフトの導入
- 利用者のPCは産総研情報システム部で管理し、個人が好きなソフトや勝手な利用方法を制限する

■上記ケースへの対策

○不正アクセスを「Monitor」「Learn」「Anticipate」「Response」機能を追加により、遮断する機能を設ける

Learnの例："利用者ごとに利用している時間帯利用"、"利用者が普段利用しているデバイス"

Anticipateの例："特定のIPアドレスから複数IDでアクセスは不正の可能性大"、"普段存在しない第三国のIPアドレスからアクセスは不正の可能性有"、→ホルナゲルの4機能を追加することにおいて「Monitor」「Response」機能を、「本人認証」「NWアクセス機能」「サイト接続間機能」と結ぶ。

(2)　FRAMを用いた分析の結果

Step 1を実施し、本人認証機能、産総研と各部門のデータ管理機能といった機能を定義した。抽象化の考え方にもとづき、いくつかの機能をまとめ、例えば本人認証機能として、メールサーバの利用、業務システムの利用、各部門が管理するサーバへのログインを行う際の各認証につき同様の性質を持つものを1つの機能とした。

Step 2における可視化にもとづき、Step3において、本人認証機能、産総研と各部門のデータ管理機能の2機能は各機能との接続が多く、実際、利用者や管理者がデータ資産・職員情報に対して比較的自由にアクセスでき、運用における利便性という成功をもたらしていた。そこで、この2機能を中心機能とした。

一方で、本人認証機能のインターネットから直接アクセスできるという性質は、外部の悪意ある利用者から自由に攻撃可能なクリティカルパスとなっていた。産総研と各部門のデータ管理機能は各研究部門の研究者が利用するサーバからもログイン可能であり、サーバからサーバへと次々にログインすることが可能であった。これらの性質は、攻撃者の視点に立ったときのシステムの弱点とした。

　インシデント発生時の攻撃経路をシミュレートした結果、多くの段階におい
て、中心機能である本人認証機能、産総研と各部門のデータ管理機能に対する
攻撃が行われていたことがわかった。

　Step 4においてモデルを俯瞰し、運用系の機能と、職員が直接利用する機能
との間を疎結合の状態にするため、運用系の機能と職員用の機能との間に、
「運用系→各システムの接続機能」を対策として追加した。

　さらに、4つの能力のうち「監視する（Monitor）」、「学習する（Learn）」に
あたる機能として、「各機能からの通信や認証の処理状況を入力とするモニタ
ー」と「モニターが収集した情報をもとに学習し、結果によって各機能への遮
断要求を出力する学習」を追加した。その後、機能の追加と変更を行ったモデ
ル図を俯瞰し、中心機能の弱点が克服されていることを確認した。

　例えば、利用者と本人認証機能の間に産総研NWアクセス機能を追加するこ
とで、本人認証機能の弱点であった「インターネット経由での攻撃が自由であ
る」という点が克服された。

(3)　考察

　FRAMを用いた分析の結果より、産総研NWアクセス機能などの複数の対
策案を創出できた。この対策案は、FRAMのモデル上で接続数の多い2機能に
着目し、さらにその機能周りのクリティカルパスから弱点に着目したことで創
出できたものであり、FRAM分析特有の構造可視性によって実現できたもの
である。このことから、FRAM分析は情報システムの事故分析に有効な適用
特性があると考える。

　本人認証のためのIDとパスワードが、攻撃以前から漏えいしていた場合へ
の対策あるいは回避策としては、書式条件付きのパスワード文字列の導入や定
期的なパスワード変更による強化が考えられるが、Step4のモデルの俯瞰にお
いては、パスワード強度に関する弱点や対策案は発想されなかった。これは、
FRAM分析では機能間の継続的な相互作用に着目しており、特定のタイミン
グで一度しか発生しない処理については着目しなくなりがちなため、パスワー
ドの初期設定時の処理がモデルに組み込まれていなかったことが原因と考え
る。

　なお、本ケースに対しては、セキュリティ・レジリエンスが重視する4つの
能力から発想した「監視」「学習」によって、以下に示すようにインシデント

発生を防ぐことが可能である。

【認証情報漏えいに伴う不正アクセスの防止例】

　漏えいした認証情報を用いて悪意ある第三者が本人認証機能へのアクセスを試みたとする。アクセス試行時の処理状況はモニターに入力され、特徴パターンとして学習に入力される。学習は適切なユーザによるアクセスパターンを学習済みであるので、悪意あるアクセスパターンと学習済みのパターンとの不一致を検知し、本人認証機能に対して遮断要求を出力する。以上のフローにより、認証情報漏えいに伴う不正アクセスを防ぐことができる。

　今回、産総研の報告書の記載を確認し、パスワード強度の観点を得られた。これをFRAMモデルに組み込む場合、本人認証機能の前提条件（condition）として追加するのが適切である。追加後のシミュレート図を俯瞰することでさらなる改善が見込まれる。

　情報システムのような静的なシステムに対するFRAM分析においては、システムを俯瞰的に見ることができ、各機能間での接続数の密度やクリティカルパス、ループ構造といった構造的特徴に着目することで、対策をより深く考えることができると考える。

　一方で、FRAM分析の特徴として、ループ内における頻繁な入出力による相互作用、入出力値の増加や減衰といった変動性があるが、情報システムのような静的なシステムは、基本的に入出力が一方通行になるように設計されていることが多いため、制御系のように動的なシステムの分析のほうがより効果を発揮すると考えられる。

　本章では、レジリエンス・エンジニアリングとFRAM手法を紹介した。FRAMは火星探査機の挙動など、カオス状況において機能の共鳴を通してハザードも見出していくのに利用される手法であり、動的制御システムに適している。ITセキュリティのインシデント分析事例を提示したが、今後、自動運転など動的制御システムへの適用がなされていけば、より効果をあげるだろう。

Column 3　トラスト

　安心を得るための概念としてのトラスト（Trust：信頼）がある。「安心」という言葉を構成する文字「安」「心」をそれぞれ英訳すると、「安」は「easy」となり「心」は「mind」となり、心の状態として不安がないということが、安心な状態であるとトラストの第一人者、岩手県立大学の村山優子名誉教授はいう。

　キャンプ（Camp）[8] やホフマン（Hoffman）[9] らによって提唱されているトラストモデル（Trust Model）では、セーフティとセキュリティに加えて、ユーザビリティ、アベイラビリティ、プライバシー、リライアビリティをトラストの要素として加えている。

　例えば、セーフティでは（故意ではない）身体的な脅威、セキュリティでは（故意による）心的な脅威、リライアビリティでは（故意ではない）物理的な脅威を取り除く技術というように位置づけることができる。それらを合わせることで、トラスト（信頼）を獲得して、（故意プラス故意ではない）心的な脅威から解放され安心を得ることができるという概念となる。それぞれの技術や概念は独立したものではなく、それぞれが重なり合う部分も多く存在している。それは、それぞれの技術・概念が同じく安心を目的とした手段であるということを示している。例えば、個人情報を保護するという観点は、セキュリティの保護すべき情報資産に個人情報を含んだ際に保護対象が重なり合う。

　ソルビック（Slovic）[10] はトラスト（信頼）の非対称性原理を示している。トラスト（信頼）の非対称性原理の主旨は、「信頼を得るには、肯定的実績の積み重ねが必要であるが、信頼の失墜は遥かに容易」である。

第4章

セキュリティ・バイ・デザイン

　筆者には1990年初頭、情報セキュリティという概念すらない時代に、日本で最初の大規模なセキュリティ攻撃を受け、開発チームの一員として何の対応もできなかった苦い経験[1]がある。一体何をすべきだったのか？　それが大きな命題となった。それがセキュリティ・バイ・デザイン（Security by Design）をめざしている理由でもある。そして、セキュリティより、歴史があり厳密で作り込みが当然であるセーフティのやり方に学ぼうと思った。

　第2章ではSTPAとCAST、第3章ではFRAMのセキュリティ応用事例を示したが、本章ではセキュリティ・バイ・デザインの定義から始め、セーフティに起源のあるアシュアランスケース（保証論拠）を筆者がどのようにセキュリティに応用してきたのかを示す。

　セーフティでできることをセキュリティでも実施すれば、自然とセーフティとセキュリティが実現できるはずである。

4.1　セキュリティ・バイ・デザインの定義

4.1.1　サイバーセキュリティ攻撃とテレワーク

　1990年代にパチンコ店の脱税を防ぐため、プリペイドカードが作られたことをご存じだろうか？　客はまずお金を払ってカード会社が管理するプリペイドカードを買い、そのカードをパチンコ玉に交換するのだが、これに目をつけた犯罪者グループと暴力団が、プリペイドカードの情報を書き換え、現金をせしめる詐欺が横行し、社会問題化した。これによって、プリペイドカード発行会社が巨額の変造被害を受けた。このときに筆者は、社内のプリペイドカードシステム開発チームに異動した。しかし、情報セキュリティという概念すらない時代で、日本で最初の大規模なセキュリティ攻撃だったため、何の対応もできず、デスマーチ化した職場での辛く苦い経験となった。

　その事件の約10年後、自宅の近くに、情報セキュリティの専門職大学院があることに気づいた。そして、「ここならサイバー攻撃に立ち向かう力を身に着けることができる！」と確信し、社会人進学を決意した。昼間は仕事、週5日の夜間勉強と家事、育児で困難の連続の中、7年がかりで情報セキュリティ大学院大学修士課程、博士課程で学び、同大学院で初めて女性として博士号を取得した。

　新型コロナウイルス感染症が猛威を振るい始めてから、テレワーク（在宅勤務）が全国的に広がったが、テレワーク自体が知られていなかった2005年から3〜4年がかりで、筆者は勤務先の㈱NTTデータでテレワーク制度を立ち上げたことがある。仕事と子育ての両立に苦心する中、通勤時間を節約したかったからである。

　会社には、外部に漏れてはならない機密情報が多い。テレワークを可能にするためには、情報漏えいを防ぐなどの事故を防ぎ、情報セキュリティを確保しなければならなかった。そこで安全に自宅で仕事をする方法をセキュリティアセスメントを行うなどの方法で調べた。当時、情報漏えいが情報セキュリティ問題となっており、社内には、テレワーク制度に反対した上長も多くいた。その人たちに納得してもらうため、実証実験を試みた。自宅でテレワークをやるときに、会社で仕事をしているときよりも生産性が落ちたかどうかを数値として計測したのである。部下の仕事をどう判断したか、上司たちからもアンケートを取った。その結果「週2回程度、自宅で仕事をしても、生産性は下がらないことは確実である」という計測結果が出た。

　こうして社内でテレワークが認められ、テレワーク用就業規則まで制定した。当時としては画期的なことだったが、使いたい人が誰でも堂々と使える制度にした。そして子育て中社員が理想をめざして制度化したことが評価され、私達の取組みは日本テレワーク協会「テレワーク推進賞」を受賞し、NTTグループの各社に広く定着する制度の見本となった。

　この2つの取組みはいずれもセキュリティ確保がネックだった。その後、追い求めてきたのは、「セキュリティ・バイ・デザイン」という根本解決法だった。

4.1.2　IoT時代に求められるセキュリティ・バイ・デザイン

　内閣サイバーセキュリティセンター（NISC）によると「セキュリティ・バイ・デザイン」とは「情報セキュリティを企画・設計段階から確保するための

方策」[2][3]（図4.1）であり、「安全なIoTシステムのためのセキュリティに関する一般的枠組[4]」において、目的および基本原則として掲げられている重要な概念である。

　IoT時代を迎え、IoTシステムへのセキュリティ上の脅威は社会生活に多大な被害を及ぼす可能性がある。安全に利用できるIoTシステムを開発するためには、企画・要件定義工程や設計工程という、より早い段階から事前にセキュリティを作り込むことが求められている。またNIST SP800-160[1-28]には、システムズエンジニアリングと対比したセキュリティ・エンジニアリングが提示されている。

　一方で、設計の段階で脆弱性の低減や脅威への対策を考慮に入れるセキュリティ設計の歴史が浅く、上流工程の開発プロセスが定まっていないことや、非機能要件のためコンセプトを決める企画段階で考慮がされづらいなどの理由で、普及が難しいという課題も抱えている。

　しかし、市場で運用されている段階で脆弱性が発見された場合のセキュリティ対策コストは、機器の交換やシステムの改修などが必要となるため、設計時に発見できた場合の100倍になるという試算もあり、セキュリティ・バイ・デザインによって開発者が得るメリットは大きい[1-26]。他にも、「企画・設計段階という開発の早い段階からセキュリティを考慮することで、手戻りを減らし納期を守れる、他の機能ができあがってから後付けでセキュリティ対応をするより、事前に対処したほうが保守性のよいソフトウェアができる」などのメリットがあげられる（図4.2）。

4.1.3　セキュリティ・バイ・デザインが普及していない理由

　しかし、2021年時点では、セキュリティ・バイ・デザインは普及しているとはいえないのが現実である。それでは、なぜ、セキュリティ・バイ・デザインが普及していないのであろうか？　セキュリティ・バイ・デザインが難しい

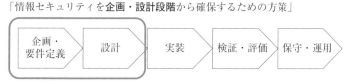

「情報セキュリティを**企画・設計段階**から確保するための方策」

企画・要件定義 → 設計 ＞ 実装 ＞ 検証・評価 ＞ 保守・運用

図4.1　セキュリティ・バイ・デザインの定義

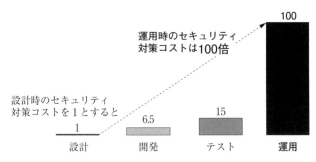

（出典）　IPA：『つながる世界のセーフティ＆セキュリティ設計入門〜IoT時代のシステム開発「見える化」〜』、p.52、2015年

図4.2　セキュリティ・バイ・デザインのコスト効果

理由としては以下の点が考えられる。

【セキュリティ・バイ・デザインが難しい理由】

① 　セーフティ設計（設計段階で安全を作り込むこと）に比べ、セキュリティ設計（設計の段階で脆弱性の低減や脅威への対策を考慮に入れること）の歴史が浅く、上流工程の開発プロセスが定まっていない。

② 　非機能要件なので、コンセプトを決める企画段階で考慮がされづらい。

　一般的な機能に対する要求はステークホルダー（利害関係者）の意図をシステムにより実現するのが目的であるが、セキュリティはステークホルダーが実現を目的としてはいないが、当然、対応されていると考える非機能要件である。

　実際、セキュリティ設計の基本方針を明文化している組織は多くはないのが現状である。「セーフティ設計・セキュリティ設計に関する実態調査結果」では、半数以上が明文化されたルールはないとしている[5]。同様の調査でセーフティに関しては自動車分野などでは明文化が進んでいることが明らかになっている。

4.2　セキュリティ開発プロセス

　では、上流工程の開発プロセスではセキュリティ設計として、具体的には何をすべきなのであろうか？

　一般的な脅威分析のアプローチは想定される脅威および脆弱性を洗い出し、攻撃される可能性、攻撃された場合の想定被害からリスクを評価し、リスクの高い箇所にこれを抑止するための対策を検討する。具体的には以下のような事項である。

① 　分析範囲の決定

② 　関係者の決定

③ 　保護すべき資産の抽出

④ 　前提条件の検討

⑤ 　脅威の洗い出し

⑥ 　対策方針の検討

以上の事項を上記のような手順で検討する（図4.3）。

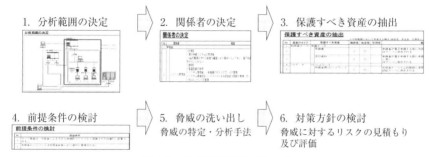

図4.3　脅威分析のアプローチ

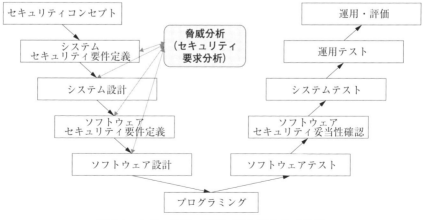

図4.4　セキュリティ開発プロセスと脅威分析

　脅威分析の特徴は、セキュリティ特有の課題として、悪意の存在である攻撃者を仮定し、常に攻撃者がシステム関係者の意図しない動作をさせることを前提にリスク分析を行うことである。脅威分析は要求にもとづく機能要件の分析に加えて攻撃者の存在を考慮した非機能要件の分析を必要とする。

　脅威分析（セキュリティ要求分析）は図4.4 (p.117) のようにシステムやソフトウェアの要件定義、設計の各プロセスで必要である。

4.2.1　セキュリティ要求分析

　セキュリティ要求分析とは、セキュリティに関する要求を規定することである。セキュリティに関する要求には、保護すべき資産と、それに対する機密性、完全性、可用性などの特性がセキュリティの目標として含まれ、その目標が達成する範囲として、想定する脅威とそれへの対応の方針がセキュリティの要求として明記されなければならない。

　情報セキュリティのための国際規格、コモンクライテリア（CC）では、保護資産、脅威、セキュリティ目標、セキュリティ機能要件、セキュリティ保証要件をセキュリティの要求仕様としている。つまりはアセットに対する脅威とその対策の記述となる。

　一般的な要求分析が、ステークホルダー（利害関係者）の意図をシステムにより実現するのが目的であるのに対し、セキュリティ要求分析では、攻撃者の意図に対しては、逆に防御することが目的となる。

　セキュリティ要求の分析手法には、アタックツリー[6][7]、ミスユースケース[8]、マイクロソフトのセキュリティ開発ライフサイクル[9]、STRIDE分析を含む脅威モデリング[10][2-13]などがある。

　アタックツリーはFTAのハザード分析を起源とするセキュリティ対応手法である。セキュリティの攻撃者のゴールをトップにおいたツリー分析である。アタックツリーはハザード分析に慣れているセーフティ技術者にはなじみやすい手法であり、機器のセキュリティ分析手法として、メジャーになってきている（図4.5）。

　ITセキュリティの分析手法の多くは、ソフトウェア工学を起源とするユースケースの応用や一般的な要求分析技術にもとづくゴール指向モデリングである。セキュリティ要求分析を理解するために、まずはソフトウェア工学における一般的な要求分析に用いる代表的なモデリング手法を紹介する。代表的なゴ

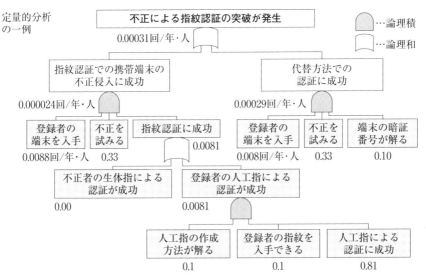

定量的分析
の一例

不正による指紋認証の突破が発生
0.00031回/年・人

…論理積
…論理和

指紋認証での携帯端末の
不正侵入に成功

代替方法での
認証に成功

0.000024回/年・人

0.00029回/年・人

登録者の端末を入手	不正を試みる	指紋認証に成功

0.0088回/年・人　0.33　　　　　　0.0081

登録者の端末を入手	不正を試みる	端末の暗証番号が解る

0.008回/年・人　0.33　　　0.10

不正者の生体指による
認証が成功

登録者の人工指による
認証が成功

0.00　　　　　　0.0081

人工指の作成方法が解る	登録者の指紋を入手できる	人工指による認証に成功

0.1　　　　　0.1　　　　　0.81

(出典) 佐々木良一:「IoT時代のAIと安全性(広義のセキュリティ)」、日本科学技術連盟
SQiP講演資料、2019年12月13日

図4.5　アタックツリーの事例

ール指向モデリングには、i* [13]、KAOS [14] がある。i*は、問題領域を理解す
るためのシステムモデリングの初期段階に適したモデリング言語で、現状と将
来の両方の状況をモデル化できる。多くの場合競合する目標を持つ異種のアク
ターで構成され、アクター指向とゴールモデリングの両方をカバーしている。
対照的に、KAOSアプローチはすべてのタイプの目標をカバーするが、アクタ
ーの指向性にはあまり関心がなく、目標図から要件を計算し、自動仕様化また
は全ての対象の要件を満たすソフトウェア要求獲得アプローチである。また、
ユースケースアプローチは機能的な目標のみをカバーし、具体的なユーザアク
ションを図解しシステムの実行処理を示す点で理解しやすいという特徴をもつ。
　システムへの攻撃や想定すべき例外を抽出するためにミスユースケースがあ
る。ミスユースケースは機能に対するユースケースの性質を表現し、セキュリ
ティなどの非機能要求を抽出するのに適している(図4.6)。一般的な非機能要
求(NFR:Non Functional Requirement)の階層構造をNFR型として定義して
おき、具体的なシステム要求の分析で再使用するNFRフレームワーク [11] [12]
などがある。

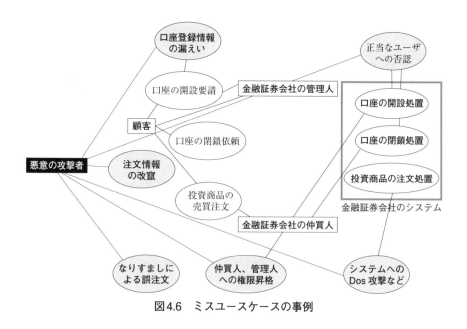

図4.6　ミスユースケースの事例

　セキュリティ目標、資産抽出、脅威分析を備えたセキュリティ分析手法とし
て、i*のLiu法[15]がある（図4.7）。i*のLiu法によるセキュリティ要求分析i*
のLiu法はゴール分析にもとづくセキュリティ要求分析手法の1つである。i*
のLiu法は一般機能の要求分析手法であるi*フレームワークに以下のセキュリ
ティ要求分析プロセスを追加している。

① 　セキュリティ上の脅威としての攻撃者をアクターとして特定
② 　攻撃者の意図（悪意）をゴールとして特定
③ 　脆弱性のある資産の特定
④ 　攻撃方法を攻撃者のタスクとして特定
⑤ 　攻撃方法に対する対策を対象となるアクターのタスクとして特定

以上のプロセスにより、ゴール指向にもとづくセキュリティ要求分析を実現
している。i*のLiu法はi*を拡張しているが、i*の課題は内在している。筆者
はi*のLiu法の脅威分析を図形式ではなく、表形式に表記するセキュリティア
クター関係表（SARM）を提案してきた[16]（図4.8）。SARMは対角にアクター
（機能）のゴールを記載し、他者への意図を非対角に記載し、アクター1対1の
関係性を網羅的に検証可能であり、第5章に記述するCC-Caseの技術要素の1

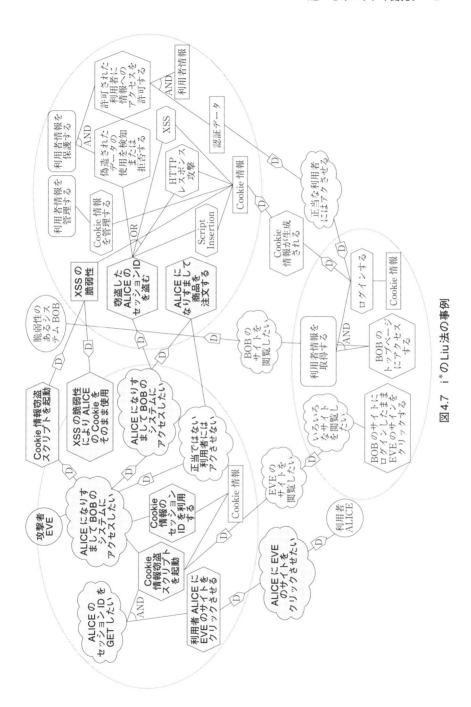

図 4.7 i*のLiu法の事例

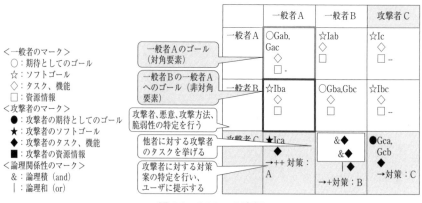

図4.8　SARM の事例

つである。

　吉岡らは、開発におけるセキュリティ上の課題は「セキュリティ要求を獲得する際の技術的な難しさ」である①情報に対する複雑性②状況の変化、③トレードオフに相当していることを指摘した[17]。筆者はその解決の方向性を表4.1のように提示してきた[18]。

4.2.2　セキュリティ設計

　セキュリティ設計とは、要求段階で策定したセキュリティ要求仕様を満たすようにソフトウェアを設計することである。4.1.2項で示したように、要求段階は要求モデル、設計段階では設計モデルを作成するため、前項で紹介したセキュリティ要求分析のモデルは粒度が異なっていたとしても設計段階でも用いられることが多い。具体的には、情報の機密性、完全性および可用性を担保するために認証や暗号化、署名などのセキュリティ機能を使った設計を行う。セキュリティ設計の技法としてデータフローやアクティビティ図、ユースケースにもとづく脅威の分析技法、および、UMLの拡張記法を用いたセキュリティ設計手法などがある。

　例えばマイクロソフトのセキュリティ開発ライフサイクル[9]はデータフロー図を詳細化し脅威の観点STRIDEで脅威分析を実施する。設計による安全性確保を重視し、設計段階でセキュリティ要求を抽出している。

　本書では、STAMP S&SというSTRIDE脅威分析の適用方式や本章のアシ

表4.1　要求の観点でのセキュリティ課題の詳細と対応の方向性

分類	開発におけるセキュリティ上の課題	各課題の詳細	対応の方向性
要求	a. 情報に対する複雑性があるため、セキュリティ要求の獲得が難しい。	①扱う情報に対する複雑性 ・セキュリティに関する関心ごとが多い（分析するべき情報、資産、脅威、根拠）。 ・関心ごとがお互いに複雑に関連（対抗策の妥当性、正当性機能要件の完全性・開発範囲が不明確（脅威の範囲、前提条件）	①セキュリティ仕様検討のプロセス明示化
	b. 脅威等の状況変化が激しく、セキュリティ要因の獲得と対策が難しい（事業系憶リスク）。	②状況の変化 見えない敵や敵が存在し、想定外の新たな脅威が発生。それに対してさらなる対策を繰り返す必要が生じる。	②脅威分析の工夫（一般の要求分析への組込みなど） ③要求、設計、実装、テスト、保守のライフサイクルプロセスへの対応
	c. 他の要件とのトレードオフを考慮しなければならないため、セキュリティ要求の獲得が難しい。	③トレードオフ セキュリティ要件と競合する他の要件との間にコスト、セキュリティ機能、使いやすさなど、相反する関係が生じる。	②脅威分析の工夫（一般の要求分析への組込みなど）
	d. システム・製品の仕様要求、セキュリティ要求間の対応関係や論理構造を分析、管理、共有する手段が確立されていない。	・現在セキュリティ要求分析手法は限定的なシーンにおいての脅威分析やそれに対する対策立案の手法がほとんどである。 ・網羅的に抽出、分析、妥当性検証、仕様化、管理を行う手段が確立されていない。	①セキュリティ仕様検討のプロセス明示化 ④セキュリティ機能要件の利用

※ セキュリティ要求を獲得する際の技術的な難しさに網羅的で適切な対応が可能なセキュリティ要求分析手法はまだ確立されていない。

※ セキュリティ要求を実装につなぎやすい手法がない。

ュアランスケースの活用を設計技法として、CCのセキュリティ機能（PP）や第6章のIoT高信頼化機能をセキュリティ機能としてセキュリティ設計を紹介している。

4.2.3　セキュアプログラミング

　セキュアプログラミングとは、セキュアコーディングともいわれ、主にソフトウェアの実装段階における脆弱性を混入させないための技法や活動の総称である。バッファオーバーフローやSQLインジェクション、クロスサイト・スクリプティングなどの代表的な脆弱性は特定のコーディングエラーが主要因である。そのため、脆弱性のあるコードを書かないことや脆弱性のあるコードの検出活動も行われている。C言語のセキュアコーディングガイド[19] [20]やベストプラクティスなどが公開されている。

　脆弱性とは、コンピュータのOSやソフトウェアにおいて、プログラムの不具合や設計上のミスが原因となって発生した情報セキュリティ上の欠陥である。脆弱性は、セキュリティホールとも呼ばれる。脆弱性が残された状態でコンピュータを利用していると、不正アクセスに利用されたり、コンピュータウイルスに感染したりする危険性をもつ。

　コンピュータウイルスとは、「コンピュータウイルス対策基準」[21]においては、広義の定義を採用しており、自己伝染機能・潜伏機能・発病機能のいずれかをもつ加害プログラムをウイルスとしている。自己伝染機能については、他のファイルやシステムに寄生・感染するか、単体で存在するかを問わない定義になっているので「worm（ワーム）」も含むことになる。他のファイルやシステムへの寄生・感染機能を持たないがユーザが意図しない発病機能をもつ「Trojan（トロイの木馬）」も、この広義の定義ではウイルスに含まれる。PC環境におけるコンピュータウイルスを念頭においた狭義の定義においては、他のファイルやシステムに寄生・感染（自己複製）する機能をもつプログラムをいう。コンピュータウイルスは次々に際限なく生成され、システムに悪影響を与えており、世界中にサイバー犯罪を巻き起こしている。

　また、新たなプログラム処理方式により、実行中のプログラムに侵入したコンピュータウイルスをプログラムが自ら捉えて、無力化するシナリオ関数[22] [23] [24]や過去の脅威情報に依存しないOSプロテクト型エンドポイントセキュリティ製品AppGuard[25]などが新たな特許技術として出現している。

シナリオ関数は潜在バグのないバグレスプログラミングの開発方法でもあるが、コンピュータウイルスを生じさせる脆弱性自体をバグ同様に排除するプログラム構造をもち、第5章に記述するCC-Caseの技術要素の1つである。

4.2.4　セキュリティテスト

　セキュリティテストとは、脆弱性を発見するために実施するテストである。システムや設計起因の脆弱性はセキュリティ・バイ・デザインによる対応が望ましいが、実装起因の脆弱性はセキュリティテストにより、脆弱性が含まれないことを確認する。セキュリティテストには以下のようなものがある。

【セキュリティテストの種類】

①　ソフトウェアを実行せずに解析する静的解析

②　情報システムに実際に侵入して確認するペネトレーションテスト

③　攻撃者視点でテスト対象に様々なテスト対象に攻撃を加える倫理的（エシカル）ハッキング

④　ツールを活用した機械的な脆弱性を発見するファジング

4.2.5　脆弱性管理

　脆弱性管理とは、ソフトウェアの開発段階において脆弱性を混入させないことやソフトウェア出荷後の運用段階で脆弱性が発見された場合に適切に対応することを目的とした活動をさす。脆弱性を混入させないための対策として、ソフトウェアにおけるセキュリティ上の弱点（脆弱性）の種類を識別するための共通の基準である共通脆弱性対応一覧（CWE）[26]、共通脆弱性識別子（CVE）[27]、共通攻撃パターン一覧（CAPEC）[28]、脆弱性レポート一覧（JVN）[29]、脆弱性対策情報データベース（JVN iPedia）[30] などが情報公開されているので活用することが望ましい。

4.3　セーフティを守れるセキュリティ

4.3.1　セーフティとセキュリティの要件

　セーフティとセキュリティは要件が相反することもあるので注意が必要となる。特に生命、健康にかかわるセーフティの要件は重要である。しかし、セー

フティとセキュリティのリスク対応プロセスは類似している。セーフティでは
リスクの原因としてハザードを特定し、セキュリティでは脅威を特定するが、
表現は異なるものの、リスクの特定、リスク分析、リスク評価、リスク対応と
いうプロセスを繰り返すという基本的な流れは同様である。それゆえ、セキュ
リティ設計の脅威分析時に、セーフティ設計のハザードの特定と分析を行うこ
とが可能であると考えられる。

4.3.2 セーフティ設計とセキュリティ設計ですり合わせを行う メリット

　早い段階でセーフティ設計とセキュリティ設計のすり合わせをすれば、余計
な要件の相反による調整作業を省くことができる。IoT対応をする場合の手順
をもとに、セキュリティ設計を実施する段階について、考えてみよう。

　インターネット冷蔵庫を新たに作成する例で考えてみると、まず冷蔵庫は既
存の機能にインターネット機能を追加設計する必要が生じる。

　次にセキュリティを早期段階で考慮しない従来の対応ではセーフティ設計の
みを実施する。そしてセーフティ設計の実施後にソフトウェア開発時にセキュ
アプログラミングをし、検証・評価時に脆弱性検査などを実施することになる
（図4.9）。これに対して、セキュリティ・バイ・デザインの対応をする場合、
セーフティ設計時にセキュリティ設計をすり合わせる。これにより、IoT化す

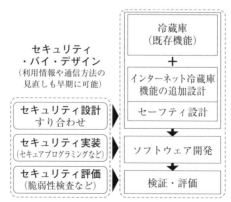

図4.9　IoT機器などのセキュリティ・バイ・デザインのイメージ
（インターネット冷蔵庫の例）

ることで変化する用情報や通信方法の見直しだけでなく、セキュリティ上の脅威への対策を考えたインターネット冷蔵庫の企画、要件定義を実施する。事前に手順を踏むことで、セーフティ、セキュリティ両方の観点からの安全性、コストなどのバランスのとれた設計を実施することが可能となる。

　つまりセキュリティ・バイ・デザインはセキュリティだけのものではない。事前の早い段階からセキュリティを考慮することで、セキュリティ上の脅威にさらされるIoT機器などのセーフティも守ることができるのである。セキュリティ・バイ・デザインはセキュリティのためだけの考え方に聞こえるが、実は「セキュリティで脅かされるセーフティも守ることができる」といえる。

4.3.3　セキュリティ・バイ・デザイン再考

　本章では、セキュリティ・バイ・デザインの趣旨と現状のセキュリティ開発プロセス、セーフティを守れるセキュリティの要件について、述べてきた。

　実は、セキュリティ・バイ・デザインの実装方法として、筆者はSTAMP/STPAのセキュリティ適用、事故分析手法CASTのセキュリティ適用、セキュリティ・レジリエンスを研究してきた。本書において、その事例自体は2.3.1項「航空機オートパイロットのSTPA分析事例」のSTRIDEによりセキュリティ分析や5.4.2項「自動運転レベル3での具体例」、6.1.4項「アシュアランスケースによる脅威分析検討事例」などが相当する。また、実際に発生した事故を通して、開発設計時の要件を抽出し、セキュリティ・バイ・デザインにつなげるという意味では、CASTによる2.5.1項「情報システムのセキュリティインシデント分析事例」、FRAMによる3.3.1項「セキュリティ・レジリエンスによるインシデント分析事例」も実践事例になるだろう。

　ホルナゲルは、過去40年ほどで顕著になった組織、社会における特定のセキュリティ問題の 1 つは、「情報技術とコンピューティング システムの脆弱性」としている [3-1]。セーフティにおける失敗が意図をもたないのに対し、セキュリティにおける悪意のある行為は、被害を最大化し対応を制限するために意図的に脆弱性を探し出し、脆弱性を利用するように調整された攻撃を招く可能性があるため、「セキュリティ・バイ・デザインは実際上も原理的にも不可能である」とした。しかし、レジリエンスエンジニアリングは、監視、反応、学習、予測のレジリエンスの4つの機能で回復力のあるパフォーマンスを実現する設計を行うことができるため、セキュリティ・バイ・デザインで脅威や悪

意のあるイベントを防ぐ方法を考えるのではなく、組織のレジリエンス機能を改善し、一緒に全体、統合された能力として発揮する方法を提案している。

　筆者は、セーフティの理論に学び、セキュリティ・バイ・デザインを実現することを目標に研究をしてきた。セーフティ理論、技術であるSTAMP、FRAM、アシュアランスケースは企画・設計段階から、ライフサイクルにわたってセキュリティを確保するというセキュリティ・バイ・デザインに素晴らしいヒントを与えてくれた。ただし、物性をもつシステムや人を対象にする発展してきたセーフティ理論・技術をそのまま利用するだけでは、物性をもたないソフトウェアの脆弱性に対してなされるサイバーセキュリティ攻撃への対処に対して、踏み込みが足りないのではないかという思いも筆者にはある。やはりトップダウンな脅威モデリングや組織のレジリエントな対応だけでは、ソフトウェアの脆弱性を抜本的になくすところにはつながらず、根本解決には至らないからである。

Column 4　ロジックツリーの応用としてのGSN

　顧客や発注元に対して価値が伝わらない、熟練者の考えていることが伝承／共有できないという業務課題は多い。その解決アプローチとして「問題の分析や、課題の整理の結果をツリー構造として表現したロジックツリー（論理木）を用いて論理を可視化する方法がある。その効果は、問題や課題を深く分析できる、問題の全体把握が容易になる、議論によって最善の案を採用できるなどである。

　では、よいロジックツリーとはどういったものだろうか。そのポイントとして、各階層の分類基準があっていること、上位概念に対し、「抜けなく」「重複なく」であること、対偶（AとA以外）を活用する、というポイントをあげられる。こうしたポイントを押さえた表記法として、GSN（Goal Structuring Notation）を深掘りしてみる。GSNとは、自分の主張、考えを論理的なツリー構造で図式化する手法であり、日本では「D-Case」として利用されている。

　GSNのモデリングルールとその特徴としては、ストラテジーにより網羅性が表現できる、コンテキストにより前提や意図が表現できる、エビデンスによりトレースが確保できるということがあげられる。

　しかし、GSNを実際に活用するためには、高い思考力、ノード爆発（ツリー

の肥大化）、モデリング／作業コストといった課題がある。そこで国立研究開発法人宇宙航空研究開発機構（JAXA）の梅田浩貴氏は、コンテキストを中心にツリーを作成するアプローチ、GSN作成時に必要な思考力を強化する独自の分析フレームワークを用意、思考力の向上効果のあるGSNの再利用方法を構築[43]した。梅田氏はノード爆発といった弱点には、GSN上に表現される情報を、議論価値のある情報のみに限定していくというアプローチをとっている。そのようなアプローチでの分析は、リスクベースのソフトウェアテスト設計や不具合情報を活用した製品レビュー、複数分野にわたるエキスパート知見のチェックリストといった形で実際に導入されている。

第5章

ITセキュリティ標準 コモンクライテリアとCC-Case

　開発者は作ったシステムに対して保証をする責任がある。セーフティ機器などは利用者の安全に対し製造物責任を伴うため、セーフティ標準規格は厳密に提示され、適用はシビアである。一方、ITセキュリティは認証も必須ではない。主流の情報セキュリティマネジメント規格は攻撃に対する組織的な対策を提示しているが、開発者の責任を問うようなものではない。

　本章で解説するコモンクライテリア（CC）は、セキュリティ保証規格であり、認証制度も確立されたITセキュリティ標準である。

　筆者は博士課程でこのコモンクライテリアとセーフティで多用されているアシュアランスケースを研究した。CCには学ぶべき要素が多く、もっと活用されるべき規格だと思う。第4章まではリスクなどの要求の抽出が主だったが、本章ではアシュアランスケースとCCを技術要素としてシステム保証について解説し、筆者の統合開発方法論としてCC-Caseを紹介する。

5.1　システムの保証とは？

　IT製品やシステムの安全性を保証することは難しい。

　利用者は当然、安全にIT製品やシステムを利用できることを望む。安全なIT製品やシステムの安全機能はセキュリティ機能と呼ばれ、個人情報や機密情報を窃取されたり、システムの稼働を妨害されたりすることがないように管理する機能である。セキュリティ機能には以下の3つが要求される[1]。

【セキュリティ機能への3つの要求】
① 　動作しないことはない。
② 　不当な干渉を受けることはない。
③ 　動作不能に陥ることはない。

　一般のIT機能であれば、利用者はその機能について、実際に利用してみることで保証されていることを確認できる。しかしセキュリティ機能は利用者が不測の事態を発生させてセキュリティ機能が正確かつ有効に動くことを確認することが必要だが、利用者が不測の事態を発生させて、確認することは非常に困難である。利用者が確認できないのであれば、開発者自身が、IT製品・システムの安全性を確認しなけれならない。

　セキュリティ機能が間違いなく動作することの確からしさを「セキュリティ保証」と呼ぶ。このセキュリティ保証を確認するのが、「ITセキュリティ評価」である。この「ITセキュリティ評価」のための確認手法はISO規格として、国際規格になっている。国際規格のITセキュリティ評価規格がCC（Common Criteria：ISO/IEC 15408）である[2] [3]。また国家レベルで、第三者による確認の制度と確認結果を国際的に認め合う相互承認制度も確立されている。

5.2　ITセキュリティ標準コモンクライテリア（CC）

5.2.1　CCの成り立ちの経緯・歴史

　1980年以前、欧米各国の軍用システムは特注仕様による調達のみであった。その後、PCやLANの登場など、デジタル処理や通信技術の急速な進歩により、1983年に米国にてTCSEC（Trusted Computer Security Evaluation Criteria：通称オレンジブック）が制定され、軍用システムにおいても民生IT製品が活用されるようになった。欧州の各国の評価基準も1991年よりITSECベースに移行していたが、さらに米国のTCSECと欧州のITSECを共通化する目的で1996年Common Criteria V1.0が制定された。

　CCは、欧米6カ国により、1996年に開発され、1999年にISO/IEC 15408が規格化され、2000年に欧米13カ国によるCCRAが創設された。日本は2001年にITセキュリティ評価および認証制度（JISEC）を開始し、2003年にCCRAに加盟した。2005年に第三者による評価方法を定めた「ITセキュリティ評価のための共通方法（CEM：Common Evaluation Methodology）」がISO/IEC 18045として規格化され、IT製品に対するセキュリティ評価のための基準・評価方法として、利用されている。

5.2.2　CC(コモンクラテリア)の構成と内容

　ITセキュリティ評価の国際規格であるCCは開発者が主張するセキュリティ保証の信頼性に関する評価の枠組みを規定したものである。

(1)　評価対象製品・TOEのコンセプト(概念)および一般モデル、セキュリティ目標(ST)やプロテクションプロファイル(PP)

　CCは、3分冊になっており、パート1には評価対象製品・システム(Target of Evaluation：TOE)のコンセプト(概念)および一般モデル、セキュリティ目標(Security Target：ST)やプロテクションプロファイル(PP：Protection Profile)に記載すべき内容が規定されている(図5.1)。

　ST(セキュリティターゲット)とは、ITセキュリティ評価を行う対象(評価対象：TOE：Target of Evaluation)に関するセキュリティ仕様と、どの程度の評価を行うかについて、CCにもとづいて記述したIT製品に関するセキュリティ仕様書として作成されるものである。STでは、保護資産とそれに対する脅威などのセキュリティ課題を洗い出し、セキュリティ課題への対策方針を決定し、対策方針を満たすセキュリティ機能要件を決定しなければならない(図5.2)。

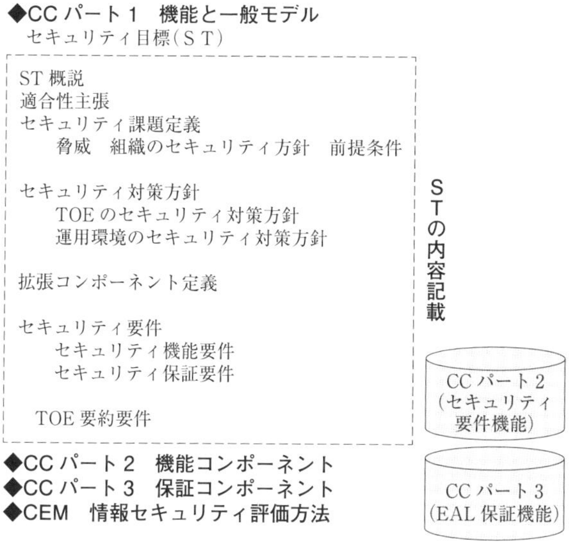

◆CCパート1　機能と一般モデル
　　セキュリティ目標(ＳＴ)

```
ST 概説
適合性主張
セキュリティ課題定義
    脅威　組織のセキュリティ方針　前提条件

セキュリティ対策方針
    TOE のセキュリティ対策方針
    運用環境のセキュリティ対策方針

拡張コンポーネント定義

セキュリティ要件
    セキュリティ機能要件
    セキュリティ保証要件

    TOE 要約要件
```

ＳＴの内容記載

CCパート2
(セキュリティ
要件機能)

CCパート3
(EAL 保証機能)

◆CCパート2　機能コンポーネント
◆CCパート3　保証コンポーネント
◆CEM　情報セキュリティ評価方法

図5.1　CC構成とSTの記載内容

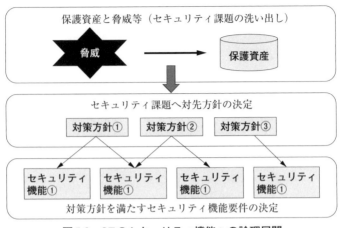

図5.2　STのセキュリティ機能への論理展開

　STにより、利用者・開発者は、対象製品・システムが適切性すなわち「情報資産を守るために必要十分な機能をもっているか」を確認することができる。

　STは個別の対象製品・システムに対する文書であるが、それに対してPP（プロテクションプロファイル）は、主に対象製品分野ごと、または技術分野ごとに、必要なセキュリティ要件を記述したもので、STのひな型としての位置づけにある。ITセキュリティ評価を受ける製品は、STにおいて関連するPPに適合主張を行い、必要なセキュリティ要件が満たされていることを第三者による評価によって確認される。

　なお、CCのセキュリティ要求仕様を決定していく手順は認証取得を必要としない各種情報システムにおいてもセキュリティ要求分析に利用可能な規定になっている。

(2)　TOEのセキュリティ機能要件（SFR）

　CCのPart2では、TOEのセキュリティ機能要件（SFR：Security Functional Requirement）が規定されている。IT製品のセキュリティ機能を細かいコンポーネント（セキュリティ機能の部品）としてSTに記述するための文法（SYNTAX）についてのリファレンスブックとして、機能要件がカタログ的に列挙されているのである。このカタログ化されたセキュリティ機能要件こそが、セキュリテ

ィ機能の必要十分性を評価するために欠かせないものである。

　実際のセキュリティ機能要件の利用方法としてはパラメータやリストを特定することにより、図5.3のように準形式的な記載ができる。

(3)　セキュリティ保証要件（SAR）

　CCのPart3には、セキュリティ保証要件（SAR：Security Assurance Requirement）が規定されている。定義された機能要件の正確性を「どの範囲まで評価して保証するのか」、「どこまで詳細に評価するのか」を規定する評価保証パッケージとして評価保証レベル（EAL：Evaluation Assurance Level）が図5.4のように規定されている。評価保証レベルはセキュリティ機能の保証の度合いを示す。

　どの範囲まで評価して保証するのかという点では、図5.5に示すようにライ

CCパート2の規定（一部抜粋）
FIA_AFL.1.1
TSFは［割付：［認証事象のリスト］に関して、［選択：［割付：正の整数値］、「［割付：教養可能な値の範囲］内における管理者設定可能な正の整数値］］回の不成功認証試行が生じたときを検出しなければならない。

准形式的な記載事項
［割付：［認証事象のリスト］
　・最後に成功した認証以降の各クライアント捜査員の認証
　・最後に成功した認証以降のサーバ管理者の認証
［選択：［割付：正の整数値］、「［割付：教養可能な値の範囲］内における管理者設定可能な正の整数値］：「1～5回内における管理者設定可能な正の整数値」

図5.3　CCパート2の規定と準形式的な記載事例

EAL1	機能仕様（外部I/F）利用ガイダンスなど	
EAL2	内部設計、配付手続き、開発者テスト、開発資料からの脆弱性分析　など	CCRAにおける相互承認の対象
EAL3	開発現場のセキュリティ、開発テストの深さ（詳細度）分析　など	
EAL4	ソースコード、開発環境（ツール）など	
EAL5	準形式的（フローチャート等の図式を用いた曖昧ではない）設計資料　など	評価方法の設定（CEM）
EAL6	各国の制度による（軍需品など特別な用途のため）	

図5.4　評価保証レベル（EAL）

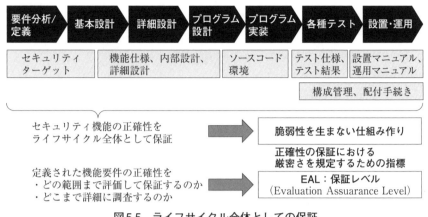

図5.5　ライフサイクル全体としての保証

フサイクル全体として評価に必要な証拠資料や開発者への要求事項、評価者の
アクションなどが保証クラスごとに規定されており、脆弱性を生み出さない仕
組みがライフサイクル全般に亘って作られているかが確認される。

5.2.3　CC認証制度

　2000年5月に、欧米13カ国が認証製品を相互に承認するためのアレンジメ
ント（CCRA：Common Criteria Recognition Arrangement）に合意して、主に
国家安全保障に関連する市販のIT製品の政府調達のために活用が開始された。
現在、26カ国が加盟しており、日本は2003年10月に認証書生成国として加盟
した。中国、ロシアは、他国の評価結果を承認することに合意せず、自国制度
にもとづく評価を義務づけている。

　日本では「ISO/IEC 15408（JIS X 5070）：情報セキュリティの評価基準」に
もとづくITセキュリティ認証制度が2001年に創設された。制度の目的は「市
販のIT製品」を政府機関で安全に活用することである。2004年より独立行政
法人情報処理推進機構（IPA）が本制度の認証機関として運営している。

　ITセキュリティ評価は、CEMにもとづいて行われる。CEMは、さまざま
な製品分野において共通的に適用できるように評価方法が抽象的な表現で記述
されている。そのため、評価の対象となる製品それぞれに当てはめた場合に
は、製品分野毎の具体的なテストの考案は、評価者の能力に依存する部分があ
る。

　スマートカードやICチップの評価においては、具体的なテスト方法・攻撃手法などの情報がサポート文書として策定され、評価時の必須技術文書として定められており、その他の技術分野においても今後策定が進んでいく。このような状況の中で、CC/CEMは具体的な評価手法の策定に伴い、評価のためのツールボックスとして、必要に応じて追加修正を加えメンテナンスしていくことになった。

　従来、日本で行われてきた製品ベンダ独自のSTによる文書審査中心の評価・認証が、cPPまたはPPに適合するため技術分野ごとに定められたテストおよび侵入テストをはじめとする脆弱性分析を中心としたセキュリティ評価に移行した。そのためCVEなどの脆弱性データベースを探索し、欠陥仮定法を活用した攻撃手法により、重大な脆弱性がないこと・顕在化しないことを侵入テストによって確認するなどの、安全なIT製品の政府調達に寄与していくための新たな仕組みづくりが重要な課題となっている。なお、PPの開発は主としてセキュリティ製品の調達者である政府機関や認証機関が行ってきたが、近年は最新技術を持つ製品ベンダが業界ぐるみで連携して調達者や評価者、認証者と共同でcPPを実現しようとしている[4]。

5.3　要求と保証の開発方法論CC-Case

5.3.1　セキュリティ要求と保証手法CC-Case

　CC-Case [5] [6] はCCとアシュアランスケースの長所を統合したセキュリティ要求分析手法かつ保証手法として誕生した。セーフティ&セキュリティ設計入門 [1-29] では「コモンクライテリア認証取得時において、アシュアランスケースを用いてセキュリティ仕様を決定する手法」として紹介され、「コモンクライテリア認証の規格に適合したSTの作成、評価機関による妥当性の確認などが容易」で「具体的なアシュアランスケースが示されており事例として有用」とCC-Caseを評価している。

　CC-Caseは、4.2.1項で示したようにセキュリティ要求を獲得する際の技術的な難しさに対応するが、それと同時にITセキュリティ標準CC準拠の保証も利用できることを目的にした。CC-Caseの保証に対する課題と方向性 [4-18] は表5.1のように考えた。

　セキュアな仕様を作成するために、セキュリティコンセプトの定義、対策立

表5.1　保証の観点でのセキュリティ課題の詳細と対応の方向性

分別	開発における セキュリティ上の課題	各課題の詳細	対応の方向性
要求	e.仕様が固まった後に要求が作成され、保証要件は不明確である。	システム製品ができあがったタイミングで評価するのではなく、要求分析・獲得を実施する中で確実に検証、妥当性確認ができることが望ましい。	⑤要求分析と同時に保証要件を実施
保証	f.設計、開発の確実な実施への品質説明力が必要である（システムリスク）。	利用者が不測の事態を発生させてセキュリティ機能が性格かつ有効に動くことを確認することは困難	⑥論理的証拠に提示 ⑦セキュリティゴールに対する検証
保証	g.システム、製品に対して顧客から訴訟を受ける可能性がある（顧客合意リスク）。	一般の機能以上にセキュリティ機能をお客様に納得していただき、双方のギャップを埋めることは難しく、問題を引き起こすもとになる。	⑧顧客との合意プロセスの明示
保証	h.システム、製品によって求めるセキュリティ保証の度合いは異なる。	セキュリティ保証を体系的に実施し、求める度合いは異なるセキュリティの評価ができる枠組みが不可欠	⑨CC基準で評価 ⑩セキュリティ保証要件による保証

案、要約仕様の手順を定めSTに必要な成果物を作成する手順をアシュアランスケースとして定義し、証跡を残す。こうして作成したセキュリティ仕様アシュアランスケースは、CC準拠と顧客と合意による保証の根拠となる。図5.6にCC-Caseのセキュリティ仕様作成の手順と用いる入力並びに生成される証跡の関係を示す。セキュリティ仕様のアシュアランスケースは、システム構築時の入力（前提）、手順、証跡を含んだ手法である。

　すなわち、作業は顧客の要求などの前提条件を入力とし、手順に従って進められるが、それとともに生成される証跡によってアシュアランスケースが必要とする情報ができ上がっていく。CC準拠の保証とは、STを作成するためのもととなる内容をアシュアランスケースの根拠として残すことである。

　図5.6はCC-Case要求分析の手順やライフサイクルでの位置づけ、保証の意義を示した全体像である。

　CC-Caseは図5.7に示すように、論理モデルと具体モデルの2層構造をもつ。論理モデルは論理的にセキュリティ仕様アシュアランスケースを作成するプロセスを提示し、具体モデルは実際の事例を記述する。つまり論理モデルとは、セキュリティコンセプトの定義、対策立案、要約仕様の手順を定めたプロセスのアシュアランスケースである。

　具体モデルとは、論理モデルの最下層ゴールの下に作成される実際のケース

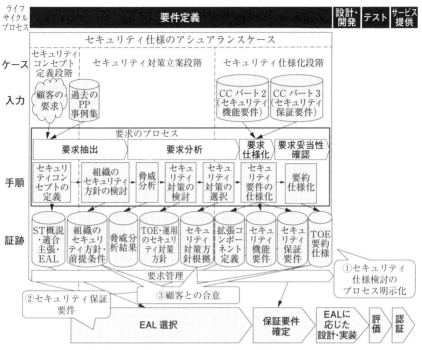

図5.6　CC-Caseの全体像

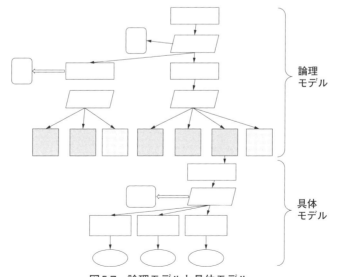

図5.7　論理モデルと具体モデル

に応じた成果物のアシュアランスケースである。具体モデルは証跡を最下層に提示するまで適宜論理分解されて記述される。具体モデルは実際のケースにおけるSTの証跡と合意による顧客の承認結果を証跡として残す。各種証跡は次々と貯まりその結果、論証に使えるものになる。

　要望は確定的ではなく、変化することがあり得るが、変化に応じた証跡を残すことが必要である。そのためCC-Caseでは、すべての証跡を要求管理DBに格納し、変更要求に随時応じられるようにする。

　具体モデルの各証跡はSTとして必要な項目をすべて含むように作成する。セキュリティ要求分析実施プロセスにより、保証のできる証跡を残していき、要求管理として実施される。

5.3.2　セーフティ・セキュリティ開発方法論CC-Case

　IoTにおいては従来の情報セキュリティの確保に加え、安全確保も重要である。そこで筆者はCC-Caseをセーフティ要求もセキュリティ要求もともに保証できる開発方法論に現在は発展させている[7] [8]。さらに機械学習などのAIの要求と保証もスコープに入る。CC-Caseの定義、その目的、範囲、メリット、各プロセスステップでの適用方法の特徴、技術要素を以下に説明する。

　CC-Caseは、さまざまなモデリング手法、技術、標準プロセスを統合して使用することで、セーフティとセキュリティの要件と保証を実現するシステム開発手法である。

　CC-CaseのCCとCaseのそれぞれの意義を以下に説明する。CCはCaseを構成する2層のうちの論理層であり、共通標準の意味である。筆者は当初、ITセキュリティの標準プロセスであるCC（Common Criteria：ISO/IEC 15408）をベースにITセキュリティの標準プロセスを利用することを意図していた。しかしながら、「AI/IoT時代のセーフティとセキュリティの要求を保証できる開発方法論」というCC-Caseの枠組みを設定したため、CCとは、ITセキュリティ標準だけでなく、ドメインに応じた共通標準プロセスを意味することに拡張してきた。最終的にはドメインに応じたコモンクライテリアの確立をめざしている。

　Caseは2層のうちの具体的な実体を示す層である。また、自動車業界でキーワードとして用いられるCASEはコネクティビティ（接続性）の「C」、オートノマス（自動運転）の「A」、シェアード（共有）の「S」、そしてエレクトリック

（電動化）の「E」である。

　これに対して、CC-CaseのCaseのキーワードは、C：Connected、a：assurance、s：safety、security、software、system、service、stakeholder、society、specification、scenario、standard、e：evidenceとなる。

5.3.3　CC-Caseの目的

　AIやIoTなどの高度で複雑なシステムの要件を明確化し、ライフサイクルにわたるセーフティとセキュリティを確保できるシステムズエンジニアリングを実現することがCC-Caseの目的である。

5.3.4　CC-Caseの対象範囲

　CC-Caseの対象範囲は要求、設計、実装、テスト、保守、運用段階までのライフサイクルの全段階を含む。段階ごとに適した技術要素を用いることで、ライフサイクルの要求に対する保証をする。

5.3.5　CC-Caseの適用対象とメリット

　CC-Caseの適用対象はシステムまたは製品、それを構成するソフトウェア、利用する人、組織である。

　CC-Caseは顧客と開発者との合意を形成し、システムのセーフティ・セキュリティを含めた要求を分析し、要求を機能要件に落とし込んだうえで、機能の見える化を図り、保証につなげる。この可視化はソフトウェア・プログラミングにおいても実施される。これらの大変困難な構想を実現するために、新しいモデリング手法・安全分析技術を適用する。また、CC-Caseをライフサイクルに用いるメリットとしてCC-Caseの以下の課題を強化できる点がある。

1) 　状況の変化（見えない敵が存在し想定外の新たな脅威が発生）へのさらなる対策をしやすくする。
2) 　アシュアランスケースの課題である開発方式、再利用、生産性の向上の向上が期待できる。
3) 　要求段階における期待としての保証ではなく、実際の生産物を伴う保証が可能である。

5.3.6　CC-Caseの技術要素

　CC-Caseを構成する各技術要素の使用方法を、対応するテクノロジー、ベース、元の特性、主な適用範囲、および実装段階に分けて表5.2に示す。

　各技術要素はシステムのライフサイクルをカバーしているため、互いに連携して用いられる。この連携的な使用のため、より高度なセーフティとセキュリティを実現可能とする。各技術要素はセーフティかセキュリティの手法であるが、その元来の技術とは違う側の特性に拡大適用することでセーフティとセキュリティの双方を実現することをめざしている。

　STAMP S&S [1-38] [1-39] [1-40] [9] はCC-Caseの中心的なフレームワークであり、表5.2のNo.1〜3の技術要素で構成される。技術要素のうち、本書での解説はNo.0〜5までとしているが、将来、PP（CC）による機能設計の形式化は高信頼化機能への発展があり得る。

表5.2　CC-Caseの技術要素

No.	利用技術と対応事項	ベース	元々の特性	主な適用範囲	実施段階
0	CC-Caseによる安心安全なシステム構築	No.1〜8の各理論	セーフティ・セキュリティ	No.1〜8の全体を統合的に適用	システムライフサイクル全体
1	STAMPによる論理層と物理層別の階層的なシステムの図示	システム理論	セーフティ	要求仕様（トップダウン型）明確化	要求（トップダウン）
2	STPAによるセーフティ・セキュリティ統合分析	システム理論	セーフティ	リスク分析	要求（トップダウン）
3	CASTによる事故分析	システム理論	セーフティ	事後分析	運用
4	FRAM（機能共鳴法）による変動的なシステムの関係性の図示	レジリエンス・エンジニアリング	セーフティ	要求仕様（ボトムアップ・型）明確化	要求（ボトムアップ）
5	GSNによる品質保証	アシュアランスケース	セーフティ	検証・妥当性確認	テスト
6	PP（CC）による機能設計の形式化	ITセキュリティ標準	セキュリティ	ソフトウェア機能設計	設計
7	シナリオ関数によるプログラムの正統性保証・ウイルス無力化	LYEE理論	リライアビリティ・セキュリティ	ソフトウェア・プログラミング	プログラミング
8	SARMによるアクターや機能の関係性の網羅分析	ゴール指向モデル	セキュリティ	要求・設計の詳細化と対策	要求（トップダウン）・設計

　シナリオ関数はソフトウェアの潜在バグを発生させず、コンピュータウイルスを自律的に排除するメカニズムを有したプログラミング方法論であり、将来、第7章に示す機械学習の課題を含め、ソフトウェアの問題を解決する多大な可能性を秘めた技術である。

　SARMはセキュリティ分析手法として、筆者が考案したものだが、セーフティとセキュリティを含めた品質要件の分析への適用があり得る。

5.4　CC-Caseの要求と保証の手順

　CC-Caseは表5.2に示した技術要素によるセーフティ・セキュリティ開発方法であり、その組合せによりさまざまな効果を生むが、ここではSTAMP S&SとGSNを組み合わせることによるCC-Caseの要求と保証の手順と利用事例を示す[10]。STAMP S&Sの各手順は図5.8のとおりである。ハザード分析手法であるSTPAはセーフティの観点の分析を行うが、これに対し、STAMP S&Sはセーフティとセキュリティのモデル化と分析を同時に行う手順になっている。また、セキュリティ要因を明確化するため、脅威分析をStep2に入れている。具体的にはSTRIDE脅威モデリングを用いている。

　また、GSNは保証の全体像を定義し、STAMP S&Sによって抽出されたハザードと脅威を検証および検証する。CC-Case論理モデルはGSNを使用して、システムの全体的な要件を論理的に視覚化する。さらに、具体的なモデルは、仕様の検証のみにGSNを使用するのではなく、要件の抽出結果が目標を満たしているかどうか、適切な証拠、および一貫した結果を検証した。

　さらに、本書では、5.4.1項でこの要求と保証の手順を示し、5.4.2項で自動運転レベル3への具体例、5.4.3項で特徴と効果を示している。

5.4.1　CC-CaseのSTAMP S&SとGSNの統合手順

　STAMPと代表的アシュアランスケース（6.1節参照）であるGSNを使用したCC-Caseの手順を以下に示す。

⑴　Phase1：アシュアランスケースを使用したCC-Caseの論理モデルの決定

　CC-Caseの論理モデルにもとづいて、GSNを使用して保証の全体像を定義す

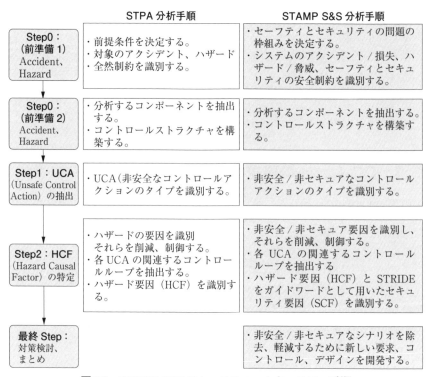

	STPA 分析手順	STAMP S&S 分析手順
Step0： **(前準備 1)** Accident、 Hazard	・前提条件を決定する。 ・対象のアクシデント、ハザード ・全然制約を識別する。	・セーフティとセキュリティの問題の 　枠組みを決定する。 ・システムのアクシデント／損失、ハ 　ザード／脅威、セーフティとセキュ 　リティの安全制約を識別する。
Step0： **(前準備 2)** Accident、 Hazard	・分析するコンポーネントを抽出 　する。 ・コントロールストラクチャを構 　築する。	・分析するコンポーネントを抽出する。 ・コントロールストラクチャを構築す 　る。
Step1：UCA (Unsafe Control Action) の抽出	・UCA（非安全なコントロールア 　クションのタイプを識別する。	・非安全／非セキュアなコントロール 　アクションのタイプを識別する。
Step2：HCF (Hazard Causal Factor) の特定	・ハザードの要因を識別 　それらを削減、制御する。 ・各 UCA の関連するコントロー 　ルループを抽出する。 ・ハザード要因（HCF）を識別す 　る。	・非安全／非セキュア要因を識別し、 　それらを削減、制御する。 ・各 UCA の関連するコントロール 　ループを抽出する ・ハザード要因（HCF）と STRIDE 　をガイドワードとして用いたセキュ 　リティ要因（SCF）を識別する。
最終 Step： 対策検討、 まとめ		・非安全／非セキュアなシナリオを除 　去、軽減するために新しい要求、コ 　ントロール、デザインを開発する。

図5.8　STAMP S&Sのセーフティ・セキュリティ手順

る。前提条件として、セーフティとセキュリティの観点から、機能安全または
その他のリスクで定義されている要件を分類および分析し、対策を評価および
選択し、残りのリスクが提示されることを概説する。

(2)　Phase2：STAMP S&S Step0の実装

Step0：準備1…フレームのセーフティとセキュリティの問題を特定する。

　システムの事故／損失、ハザードと脅威、セーフティとセキュリティの制約
を特定し分析するコンポーネントを抽出する。

Step0：準備2…制御構造を描く。

　Step1の改良にもとづいて、コントロールストラクチャーの範囲を制限する
ことにより、CS（コントロールストラクチャー）図を作成する。

⑶　Phase3：STAMP S&S Step1の実装

Step1：安全でない／セキュアでないコントロールアクションの種類を特定する。

⑷　Phase4：STAMP S&S Step2の実装

Step2：安全でない／セキュアでない制御の原因を特定し、それらを排除または制御する。各UCAに関連する制御ループを抽出する。

　STRIDEをガイドワードとして使用した脅威分析により、ハザード要因（HCF）およびセキュリティ要因（SCF）を特定する。

　STAMP S&Sの方法では、従来のStep2に加えて、STAMP/STPA-SecおよびSTRIDEによるヒントワードがHCFを識別するために拡張された。

⑸　Phase5：GSNを使用してハザード／脅威を検証する

　STAMP S&SのStep2で作成された特定のハザード／脅威をCC-Caseの具体モデルにもとづいて個別に検証する。

⑹　Phase6：各ハザードの分析と対策

　STAMP S&Sの最終ステップとして、新しい要件、制御、設計を開発して、安全でないシナリオまたは安全でないシナリオを除外または軽減する。適切な基準にもとづいて、Phase5で検証された各ハザード／脅威を分析する。その中で高リスクと見なされるイベントの対策を分析および検討する。低リスクと判断されたイベントは、残留リスクとして管理される。

⑺　Phase7：対策の有効性を検証する

　Phase6で検討された対策は各ハザードについてGSNにより議論される。

⑻　Phase8：妥当性確認

　Phase5とフェーズ7で作成されたGSNは統合され、保証されたコンテンツの妥当性は、システム全体の危険性が保証ケースによって確認されるように妥当性確認される。

5.4.2　自動運転レベル3での具体例による解説

CC-CaseのSTAMP S&Sによるモデル化、安全分析、自動車の自動運転レベル3に焦点を当て、脅威分析から一連のテストを作成する。なお、自動運転レベル3は以下のようなものである。

【自動運転レベル3とは】

自動運転レベル3（条件付運転自動化）とは、システムが動的運転タスクのすべてを限定領域において実行するものである。自動運転レベル2（部分運転自動化）までの運転主体はあくまで運転者で、システムは安全運転を支援するという位置づけだが、自動運転レベル3になるとシステムでの作動が困難な場合だけ運転者が対応する。

---

(1)　Phase1：保証ケースによるCC-Caseの論理モデルの決定

保証の範囲は、人命や財産の損失などの重大な事故に限定され、GSNを2層で使用した保証の全体像が決定される（図5.9）。この場合、最初の層では、安全制約が目標である。安全制約を揺るがす懸念は、重大度によって分類される。重大度はASILの指標の1つである。第2層では、懸念事項に対応する対策と残留リスクが確認された。自動車安全基準であるASIL（Automotive Safety Integrity Level）[11] を評価基準として使用した。

今回の例では、自動車の自動運転に焦点を当て、脅威分析から検証の一連の流れを作成した。まず、STAMP/STPA-Sec、STRIDEで脅威分析を行い対策の導出を行った。そして、GSN表記にもとづいて、結果を表現し検証を行った。自動運転技術の開発動向と技術課題[12] を参考に規定した自動車のシステムアーキテクチャを図5.10に示す。

(2)　Phase2：STAMP S&S Step0を実装する

表5.3に、特定された事故、危険、安全上の制約を示し、図5.11に分析対象を絞ったCS（コントロールストラクチャ）図を示す。

(3)　Phase3：STAMP S&Sステップ1を実装する

表5.4は、Phase2で特定されたCS図にもとづいて特定されたUCAのうち、

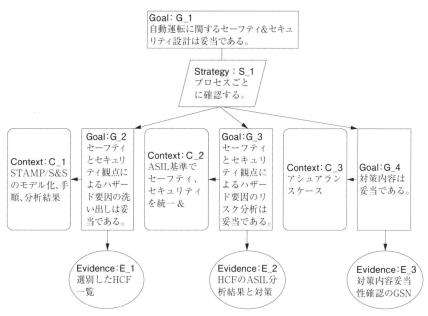

図5.9　STAMP S&Sのセーフティ・セキュリティ手順

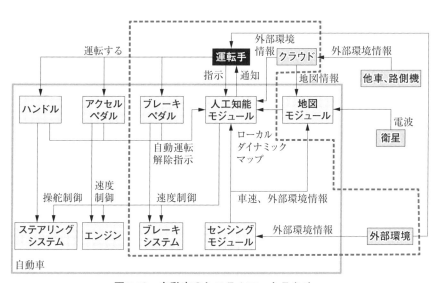

図5.10　自動車のシステムアーキテクチャ

表5.3 アクシデント、ハザード、安全制約

アクシデント (Loss)	ハザード (Hazard)	安全制約 (Safety Constraints)
(A1) 自動車が外部環境（歩行者／他の車／周辺物）と衝突／接触する。	(H1-1) 自動車が、ブレーキをかけても、外部環境の前で停止できない（外部環境までの距離や相対速度である）。	(SC1-1) 自動車が、外部環境と衝突しないようにブレーキをかける（外部環境までの距離や相対速度を制御する）。
	(H1-2) ブレーキがかからない。	(SC1-2) 運転手と自動車の両方がブレーキをかけられない状態にならない。

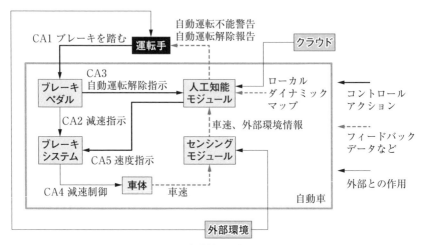

図5.11 分析対象を絞ったCS図

ドライバーのCA1とブレーキペダルのCA2を示している。例えば、図5.11の CS図の「CA1 運転手がブレーキを踏む」というコントロールアクションに対して「運転手がブレーキを踏まないと危険回避ができず、外部環境と衝突する（UCA1-N）」という非安全なコントロールアクションがNot Providingのガイドワードにより、抽出される（表5.4）。この段階で、非安全な状況を明確にするためにUCAを求める。例えば、ブレーキペダルの踏み込みの程度は、コンテキストとしてのUCA2に追加された。

(4) Phase4：STAMP S&Sのステップ2を実装する

表5.5（p.150）は、ステップ3の結果から特定されたHCF（ハザード誘発要因）

表5.4　運転手とブレーキペダルに関するUCA

コントロール アクション	NotProviding	Providing cause hazard	Too early/Too late	Stop too soon/ Applying too
CA1 運転手がブレーキを踏む	(UCA1-N) 運転手がブレーキを踏まないと危険回避ができず、外部環境と衝突する (SC1-1)。	(UCA1-P) 謝ったブレーキ操作（小さすぎる原則度合）を行う場合、外部環境と衝突する (SC1-1) 違反	(UCA1-T) 運転手のブレーキが遅すぎる場合、危機回避ができず、外部環境と衝突する (SC1-1) 違反。	(UCA1-S) ブレーキを踏む時間が短すぎる場合、外部環境と衝突する (SC1-1) 違反
CA2 減速指示	(UCA1-2) ブレーキペダルが踏まれているのに減速指示を出さないと、外部環境と衝突する (SC1-2)。	(UCA2-P) ブレーキペダルが強く踏まれているのに減速指示が小さいと外部環境と衝突する (SC1-1)。	(UCA2-T) ブレーキペダルが踏まれたタイミングに対し減速指示が遅すぎる場合、外部環境と衝突する (SC1-1) 違反	(UCA2-S) ブレーキペダルが踏まれ続けているのに減速指示外部環境と衝突する (SC1-1) 違反

　の特徴的な部分を示している。フェーズ3でUCA2にコンテキストを追加することにより、ブレーキペダルの踏み込みの程度と減速指示の強さが分別されない特定のHCF一致が抽出された。また、1つのUCAに対して、事例では(1)から(9)のセーフティ要因と(T)、(D)、(F)のセキュリティ要因を抽出している。

(5)　Phase5：GSNを使用してハザードを検証する

　Phase2〜Phase 4の結果は、GSNを使用して検証される。図5.12 (p.151) は、ブレーキをかける安全性の制約を整理した結果を示している。Phase2で繰り返し現れたハザードを論理的に確認できた。

(6)　Phase6：各ハザードの対策を分析および計画する

　「(5)Phase5：GSNを使用してハザードを検証する」で作成されたGSNにもとづいて、各ハザードに対してASIL分析が実行され、対処する要素とコントロールアクションの目標がレベルごとに形成された。ブレーキをかけないハザードのASIL分析の結果といくつかの対策が分析される（表5.6、p.152）。

(7)　Phase7：対策の適切性の確認

　図5.13 (p.153) に示すGSNは、各ハザードについて検証された。

表5.5　識別したHCF（抜粋）

UCAx	HCF									
	(1)コントロール入力や外部情報の誤りや喪失	(2)不適切なコントロールアルゴリズム	(3)不整合、不完全、または不正確なプロセスモデル	(6)部分的な情報不正確な情報の提供、または情報の欠如、測定の不正確、フィードバックの遅れ	(7)操作の遅れ	(8)悪い形、不適切なコントロール。部分的、または無効なコントロールアクション、コントロールアクションの喪失	(9)コントロールアクションの衝突、プロセス入力または喪失した誤り	(T)Tampering 改ざん	(D)Denial of Service サービス不能	(E)Elevation of Privilege 権限の昇格
UCA1-N 運転手がブレーキを踏むのに減速指示が小さいと、外部環境と衝突する（SC1-2）。	・悪天候など外部環境が悪く、運転手が危険を察知しない。		・運転手が危険察知したが自動運転を過信してブレーキを踏まない。	・人工知能モジュールで異常化で検知し内部判定ロジックの誤りで自動運転不能情報が報知されない。		・ブレーキペダルの遊びと認知する値が大きすぎてブレーキを踏んだと認知しない。		クラウドからの情報を改ざんし、人工知能モジュールに高負荷を与え自動運転不能警告を探知できない。	・人工知能モデルに高負荷を与え、自動運転不能報告を放置できない。	・人工知能経由で親友された者により攻撃されたモデルからの指示でアルゴリズムを改ざんされ異なる。
UCA2-N 運転手がブレーキを踏むのにブレーキを強く踏まないと危険回避ができず、外部環境と衝突する（SC1-1）。		・ブレーキペダルの踏み込み量と減速指示の強弱が感覚的に一致しない。					・人工知能モジュールの速度制御が誤算され、中途半端な減速精度となる。			・人工知能経由で侵入された者により攻撃されたブレーキレベルのスカラウドのアルゴリズムを改善され

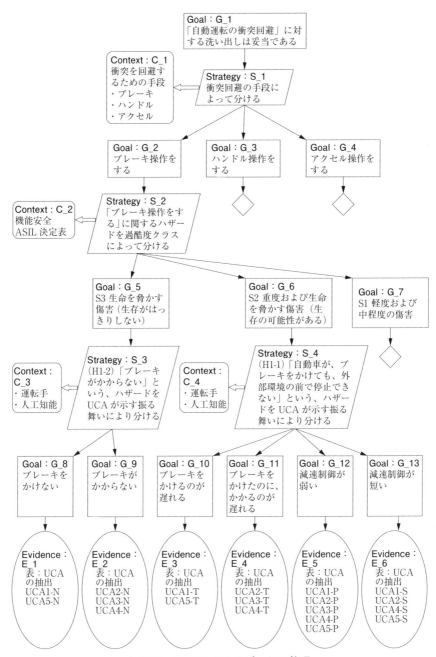

図5.12　GSNによるハザードの整理

表5.6　ブレーキをかけないハザードのASIL分析結果と対策

アクシデント	対策	事象	評価指標				対策内容	対策結果	残存リスク
			過酷度クラス	発生頻度クラス	回避可能クラス	ASILクラス			
自動車が外部環境（歩行者／他の車／周辺物）と衝突／接触する。	運転手－ブレーキペダル間	危険を察知せずブレーキを踏まない。	S3	E2	C2	ASIL_A	運転手の注意レベルを監視する。		
		自動運転を過信して、ブレーキを踏まない。	S3	E4	C2	ASIL_C	運転手の注意レベルを監視する。定期的に手動運転を促す。		
		ブレーキを踏むつもりが、アクセルを踏む。	S3	E2	C2	ASIL_A	一度ブレーキを踏むまで、アクセル操作を受け付けないようにする。		

⑻　Phase8：妥当性チェック

Phase1で決定した安全制約を保証するという目標については、目標を揺るがす懸念に対して、対策と残留リスクが適切であることが確認された。

5.4.3　STAMP S&Sの特徴と効果

ここでは事例をもとにCC-Caseの技術要素であり、フレームワークであるSTAMP S&Sの特徴と効果を解説する。

⑴　セーフティ・セキュリティ統合モデル

STAMP S&Sはシステム理論にもとづく要求のモデル化と対象に即したより網羅的なセーフティとセキュリティの要求を1つのCS図で抽出することを可能にしている。セーフティとセキュリティを相互作用として捉え、各コントロールアクションに対してハザード分析（セーフティ）も脅威分析（セキュリティ）も分析できる。

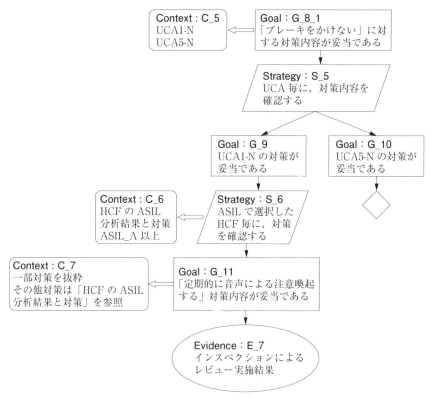

図5.13　ブレーキをかけないハザードのGSNによる妥当性確認

　事例では、セーフティ要素としてドライバーと自動車の両方に関連する要因を考慮することができた。この場合、DoS攻撃による情報の改ざんやシステムのダウンなどのセキュリティ要素が適用される。また、ドライバーの危険検出の遅れやブレーキペダルの欠陥である安全係数も考慮された。設計時にシステムのセーフティとセキュリティを考慮する場合、同じCS内でハザードと脅威を特定できると利便性が高い。

　STAMP S&S分析は、Step0～Step2まで工程を繰り返すことで洗練されたCSが作成でき、ドメイン知識がなくてもモデル化できるメリットがある。本事例では、ハザードの設定を2回、CSの設定を3回繰り返すなどの手順を実施することでさらに有効なモデル化ができた。

　また、本事例では実施していないが、プライバシー、保守性なども相互作用

であり、第2章で解説したようにシステム理論にもとづけば、システムの相互作用は、セーフティやセキュリティだけでなく、他の属性も対象としているため、各種品質分析も可能となる。

(2)　5階層による社会技術システムのモデル化

STAMP S&Sは、社会技術システムをモデル化し、対象に応じた相互関係の分析を実施しやすくするために、第1章で示した5階層モデル化の提案と共に、複雑なシステムの関係を分類して可視化が可能である。歴史的にセキュリティはサイバー世界を中心に分析されているが、セーフティは物理的または人中心に分析されてきた。5階層モデルでは、サイバーをソフトウェア層、フィジカルをシステム層、人をサービス層など5層に分けて、ハザード分析と脅威分析を行う。

STAMP S&Sに示した5つの階層（図5.14）から考えると、STPA-Sec [1-8] として記載されている事例と手順はセキュリティ要求をステークホルダー層でビジネスとして洗い出すことに主眼をおいているため、システムやソフトウェアの階層にあっては利用が難しい。

また、STPA-SafeSec [1-10] はセキュリティ分析を脆弱性除去に焦点をあてており、セーフティは企画・要件定義工程からハザード分析するが、セキュリティは対象製品などのコンポーネントが定まった後の分析手順となっているため、セキュリティ・バイ・デザインとはいえない。一方、STAMP S&Sの適用工程は早期であり、具体的なコンポーネントの製品などが決まった段階からではなく、企画・要件定義工程からセーフティとセキュリティのコンセプトの分析ができる。セキュリティの分析である脅威分析はどの階層で可能であり、これはセーフティ&セキュリティ・バイ・デザインの実現である（図5.14）。

STAMP S&Sでは人や組織と社会を含めた異なる要素で構成される対象層を明確にしたうえで各階層のセーフティとセキュリティを統一的に分析した後、シナリオ（Scenario）の生成と仕様（Specification）や標準・基準（Standard）への反映を行うモデルを提示している。

シナリオとは、一般に既知のエンティティ間の相互作用の結果を決定するために、事前定義された一連のイベントで使用される知識表現を意味する。STAMP S&Sは、図5.15に示すように、制御構造によるモデリングを行う。これは、既知のエンティティ間の相互作用の結果を決定するために一連の事前

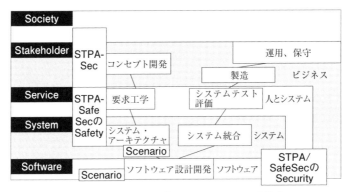

図5.14 STPA-SecとSTPA-SafeSecの焦点

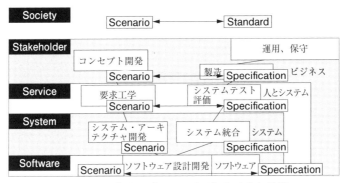

図5.15 5階層モデルにおけるシナリオと仕様

定義されたイベントで使用される知識表現であるシナリオを使用して、シナリオベースの分析を可能にする方法論である。特にソフトウェア層では、シナリオ関数化[4-23]して処理することを含意している。

仕様（Specification）とは、一般に材料・製品・サービスなどが明確に満たさなければならない要求事項の集まりをさす。STAMP S&Sでは、図5.15に示すように、仕様はソフトウェア（Software）、システム（System）、サービス（Service）、およびステークホルダー（Stakeholder）の各層での分析結果の出力である。

標準（Standard）とは、一般に判断の基礎として使用されるルールまたは原則、比較のもとにする品質または達成のレベルを意味する。STAMP S&Sで

は、図5.15に示すように、社会（Society）層での分析の出力が標準である。

(3) セーフティとセキュリティの分析プロセス

1つのコントロールストラクチャ図上で分析し、セーフティとセキュリティ双方のリスクがSTAMP S&Sを用いたときと用いないときでどのように異なるかを比較実験した[13]。STAMP S&Sを用いると以下のようになる。

抽出したリスクをセーフティとセキュリティの図5.16の観点でグルーピングし、STAMP S&Sでの分析を実施した結果、何も手法を用いない分析よりもヒューマンエラーや人とシステムの認識の違い、システムの性能限界、センサーの誤検出や故障の各分類において、いずれも多くのリスクを抽出できた（図5.17）。この分析結果は、シナリオ化されて、仕様や標準の要件に反映される。要件はセーフティとセキュリティの双方に対して、バランスよく求められる。

① ハザード分析の定性的効果

STAMPの特徴である要素間の相互作用をモデル化することにより、ドライバーと自動車の両方に関連する要因を考慮することができる。これは、人間とシステムの相互作用に関連する危険因子の抽出である。ISO 26262などの従来の機能安全規格の範囲を超える新しいSOTIF規格に対応する安全解析が実行された。この場合、ドライバーの危険認識の遅れやブレーキペダルの不具合な

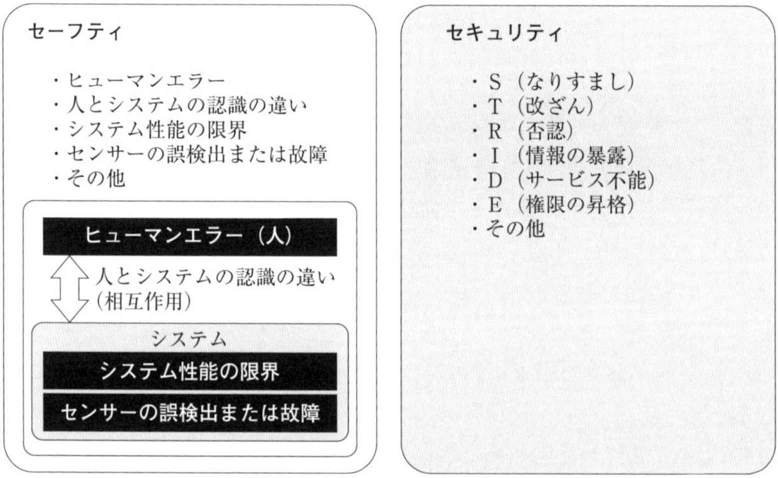

図5.16 リスクのグルーピング

どの安全要因が適用される。

　セーフティの分析として人の生命・健康にかかわるハザードとその要因が多く抽出できた。機能安全規格や従来の安全分析手法では対象としていないヒューマンエラー、人とシステムの認識の違い、システムの性能限界（SOTIF）の洗い出しを可能とした点に特徴がある。SOTIFは、他のドライバーの運転や天候など、システムのエラー以外の安全上のリスクを想定するものである。

② **脅威分析の定性的効果**

　セキュリティの分析としてSTPA-Secのキーワードでの脅威抽出1件に比べて、STAMP S&S方式でSTRIDEをキーワードとした場合、33件と脅威が多く抽出できた（図5.18）。また、STAMP S&Sを用いない場合、3/22名しかセ

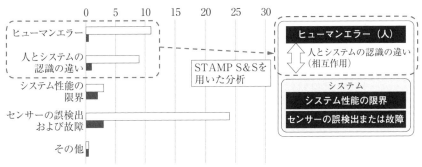

図5.17　ヒューマンエラーや人とシステムの認識の違いの抽出

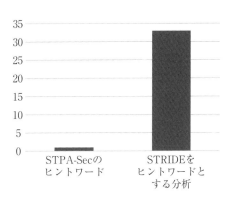

図5.18　抽出できたセキュリティ要因数

キュリティリスクを上げられなかったが、STAMP S&S方式では被験者全員がセキュリティリスクをあげた。脅威分析の追加により、セキュリティ・バイ・デザインを実現できる手法となる。具体的には脅威分析の方法の1つとしてSTRIDEをヒントワードとして使う脅威モデリング追加をした結果、STPA-Secの曖昧なヒントワードでは、1件のセキュリティ要因の抽出にとどまったが、STRIDEをヒントワードとして拡張することで、33件のセキュリティ要因が抽出できた。DoS攻撃による情報の改ざんやシステムのダウンなど、人間とシステムの相互作用に関連するセキュリティ要素が考慮される。特になりすましや権限の昇格から導出したHCFは権限設計に活かすことができると考える。

　このSTRIDE利用の定量的効果はSTAMP S&SがIoT化の進展に伴い、大変重要視されているセキュリティ・バイ・デザインを分析できる手法であることを示している。

5.4.4　CC-Caseにおけるアシュアランスケース（GSN）適用の効果

　ここでは事例をもとにCC-Caseの技術要素であるアシュアランスケース（GSN）の特徴と効果を解説する。

⑴　GSNによる保証の全体像の定義・検証・妥当性確認

　CC-Caseでは、GSN（Goal Structuring Notation）により、保証の全体像を定義したうえで、STAMP S&Sで抽出したハザードと脅威を検証、妥当性確認を実施している。

　Phase1で論理モデルによる、Phase5とPhase7、Phase8で具体モデルによる保証を提案した。Phase1はSTAMPの要求分析を実施する前に何をどのように保証するのかという保証の全体像をGSNで作成するものであり、要求の保証のためには重要なフェーズである。

　Phase5はGSNを使用してSTAMP S&Sで抽出されたハザードや脅威を検証する。

　Phase7はPhase6で立てた対策を、ドメインごとの適切な基準などにもとづいて選定された対策を検証する。

　Phase8は、Phase1で設定したゴールにもとづき、システム全体の分析の妥当性がGSNによって確認される。

このように本手法では、GSNを要求の全体像の立案、ハザードや脅威の検証、妥当性確認という3つのタイプに分けて使用方法を提示した。

(2) CC-Caseの論理モデルと具体モデル

① 論理モデルの効果

アシュアランスケースの考え方で情報を整理することで、STAMP/STPAより得られた結果をそのまま分析する前に、対策が必要なハザードを整理することができた。アシュアランスケースにより論理的に対象範囲を明確化できることを示している。

② 具体モデルの効果

GSNでハザードと脅威を分類し、ハザードと脅威ごとに対策を検証することで、対象ごとに対策が漏れていないかを具体的に検証できた。

③ GSN自体の課題解決

GSNは前提条件、ゴール、戦略、証跡などで、形式化を図るものであるが、それでも、対象物に応じた記述をしない限り、不規則でわかりづらいGSNになってしまうという課題がある。そこで、CC-CaseのGSNは単に表記法として、GSNで書くだけではなく、最初のフェーズで対象に応じたプロセスを定めることから最終フェーズで妥当性確認をする方式をとるまでの手順を規定しており、GSNの課題の1つを解決している。

(3) 手順提案の意義

STAMP手法もGSNも知られているが、その両方の組合せ手順によるセーフティとセキュリティの同時分析と保証の提案は初めてであり、新規性をもっている。また、手順の提示により、複雑な安全分析を専門家でなくても実施できる。

この事例の11名の作成者は全員が自動車関係の専門家ではないが、しかし、網羅的なセーフティとセキュリティの分析と検証、妥当性確認を実施できたからである。

適切な手法の組合せと手順の提示で誰でもがセーフティとセキュリティの要求の抽出と検証、妥当性確認を実施できることは意義がある。しかしながら、GSN利用における表記は、属人的に決めた論理での検証や妥当性確認では、アドホックなものにならざるを得ないため、当然、標準や基準などもとづくも

のが確立されたうえでの判断を必要としている。筆者がコモンクライテリア（CC）という標準にもとづく論理モデルを構築したうえで、具体モデルとして、実体を伴う保証を提案したのも、判断の根拠と実体の正統性の確認を重視したからである。

　本章では、ITセキュリティ標準とその保証のあり方や筆者の考えるセーフティ・セキュリティ開発方法論CC-Caseのごく一部分の技術の組合せ事例を紹介した。CC-Caseは今後、他の技術要素の組合せによって、多くの革新的研究を生み出すと筆者は考えている。

Column 5　個人情報とプライバシー

　「個人情報（personal information）保護を観点としたセキュリティの一分野として認識されがちなプライバシーだが、ときにプライバシーはセキュリティとは異なる属性であり、セキュリティとセーフティはともにプライバシーとは対立することがあり得る概念だ」と日本のプライバシー研究第一人者、明治大学の菊池浩明教授はいう。

　そもそも個人情報とはどういった情報をさしているのだろうか。従来、個人情報保護法では、「生存する個人に関する情報であって、当該情報に含まれる氏名、生年月日その他によって『特定の個人を識別』することができるもの。他の情報と容易に照合することができ、それにより特定の個人を識別することができることになるもの（容易照合性）」と個人情報は定義されていた。

　しかし、2015年の法改正により、従来型の個人情報、個人識別符号に加えて要配慮個人情報が定義された[14]。例をあげると、従来型の個人情報には、本人の氏名、生年月日、連絡先などが該当し、個人識別符号にはDNA、光彩、声紋などが該当し、要配慮個人情報には、人種、信条、社会的身分、病歴などが該当する。

　一方プライバシーは、日本国憲法第13条にある個人の尊重に該当する概念である。すなわち、「私生活上の事項をみだりに公開されない法的な保障と権利」となる。また、個人情報をコントロールする権利、他人に知られたくない（主観的）情報ということになる。

　個人情報とプライバシーは同じものではない。マイナンバーや電話番号など

個人情報だがプライバシー情報でないものや、位置情報、テストの成績などプライバシー情報だが個人情報でないものがある。例えばマイナンバーは個人識別符号だが、人工的に生成された意味のない情報なので、その値にはプライバシーはない。逆に位置情報は人にとっては知られたくない情報でも、該当者は多く特定が困難で意図的に自分で変えることができるので個人情報とは言えない。個人情報は法律で決められているが、プライバシーは主観的なので明確には言えないところが難しい。

　ビッグデータを容易に収集できるようになった。個人情報も例外ではない。このような情報を活用するためには個人情報を匿名加工情報へと加工し、個人の尊重を図ったうえでの有効活用が大事になる。

第6章

アシュアランスケースと
IoTのセーフティとセキュリティ

　モノのインターネット（IoT：Internet of Things）といわれるIoTシステム
は多くのコンポーネントが相互関連する複雑なシステムである。単一の製品、
システムのみでの取組みだけではセーフティ、セキュリティは達成できない。

　ITセキュリティの現状を鑑みると「インターネットにより、すべてがつなが
る世界は、安全安心にはほど遠く、放っておけば将来大きな事故を生むことに
なるだろう」と不安に感じていた筆者は、「何とかしなければ」という思いに
かられた。そして、IPAへ出向し、ソフトウェア高信頼化センターで取り組ん
でいた、IoTの安全性、信頼性ガイドラインを『つながる世界の開発指針』[1] [2]
シリーズ業務にかかわることになった。本シリーズはIoTセキュリティガイド
ライン [3] の元となり、ISO/IEC 27030 [4] やISO/IEC 30147 [5] のIoT国際規格
のもとになっている [4]。

　本章では、IoTの対象となる航空、鉄道などの複数分野の安全性規格やガイ
ドラインで要求され、広く利用されているアシュアランスケースを解説し、
IoTセキュリティに適用した事例を提示する。さらに『つながる世界の開発指
針』シリーズの中で筆者がIPA/SECの「IoT高信頼化検討ワーキンググルー
プの一員として、執筆に携わった「IoT高信頼化機能」編 [2] を紹介する。

6.1　アシュアランスケース

6.1.1　ロジカルな設計品質の説明

　セーフティとセキュリティを考慮した設計をしたとしても、「IoTでつなが
った製品を安全なものとして使って大丈夫か？」という利用者の不安に対し
て、設計者は説明が求められる。

　設計品質のロジカルな説明とは、「その設計によって目標が達成されること
が、事実にもとづき、論理的に説明されていること」である。

　設計品質のロジカルな説明をするためには、トゥールミン・ロジック[6]が参考になる。トゥールミン・ロジックは法律分野でイギリスの分析哲学者スティーブン・トゥールミン（Stephen Edelston Toulmin）が実社会の議論形態を分析して提唱した論証モデルである。

【トゥールミン・ロジック】

- 主張とは、論理として構築される1つの主張
- 基礎とは、論理の根拠となる、状態、事実など最初に呈示される説明情報
- 根拠とは、クレームの根拠としてデータが利用可能であることを正当化する情報であり、アシュアランスケースの理論的背景

　設計品質のロジカルな説明には、第三者でもわかりやすく、事実（証拠）にもとづいて論理的に設計品質を説明できる。「見える化」されたドキュメントが有用である。

6.1.2　アシュアランスケースの定義

　アシュアランスケース（assurance case）とは、テスト結果や検証結果をエビデンスとしてそれらを根拠にシステムの安全性、信頼性を議論し、システム認証者や利用者などに保証する、あるいは確信させるためのドキュメントである[7]。アシュアランスは保証、ケースは論拠を意味する。

　アシュアランスケースの理論的背景には法律分野のToulmin Structures[6]などの議論学がある。欧米で普及しているセーフティケースに始まったが、近年、安全性だけでなく、ディペンダビリティやセキュリティにも使われ始めている。

　アシュアランスケースの構造と内容に対する最低限の要求は、システムや製品の性質に対する主張（claim）、主張に対する系統的な議論（argumentation）、この議論を裏付ける証跡（evidence）、明示的な前提（explicitassumption）が含まれること、議論の途中で補助的な主張を用いることにより、最上位の主張に対して、証跡や前提を階層的に結び付けることができることである。

　アシュアランスケースは対象となる機器やシステムについて、なぜその設計で目標が達成されるかを事実にもとづき、論理的かつ第三者でも容易に理解で

きる表記で説明する手法である。

　IoTの対象となる航空、鉄道、軍事、自動車、医療機器の分野の複数の安全性規格やガイドラインで要求され、欧州を中心に広く利用されている。

6.1.3　アシュアランスケースの表記法

　アシュアランスケースの表記法には、CAE（Ciaim、Argument、Evidence）[8]、GSN（Goal Structuring Notation）[34] [35]、D-Case（Dependability Case）[11] [12]などがある（表6.1）。

　CAEは要求、議論、証跡のみのシンプルなアシュアランスケースであり、自動運転レベル4準拠の規格であるANSI/UL 4600[1-17]は実装にとらわれない要件のみをCAEで記述している。

　欧州で2011年から使用されているGSN（Goal Structuring Notation）は代表的な表記方法であり、要求を抽出した後の確認に用い、システムの安全性や正当性を確認することができる。筆者の提案手法であるCC-Case[38]はGSNを用いて表記するが、GSNに論理層と具体層に分けたプロセス化の概念を付加している。GSNの構成要素を表6.2に示す。GSNでは前提とサブゴールに分かれる説明（ストラテジー）の明示により論理関係を明確にしたうえで、各サブゴールが成り立つことで、最上位のゴールが成り立つことが保証される。また、レブソンは「セーフティは当初からデザインに入れることで確保するものである」とし、GSNによる事後のアシュアランスに対して疑念を述べている[14]。

　日本国内ではGSNを拡張したD-Case（Dependability Case）がJST CREST DEOSプロジェクトで開発された。D-CaseはGSNにモニタリングなどを拡張しており、システムのディペンダビリティをシステムに関わる利害関係者（ステークホルダー）が共有し、説明責任を果たすための手法とツールである。

表6.1　アシュアランスケースの表記法一覧

	CAE	GSN	D-Case
正式名称	Claim Argument Evidence	Goal Stractuiring Notation	Dependability Case
登場時期	1998年	2011年	2012年
構成要素	3種類	6種類	GSNを拡張
開発組織	英Adelart社 ロンドン大学	英ヨーク大学	日本 DEOSプロジェクト

表6.2　GSNの構成要素

名称	図式要素	内容
主張（ゴール）	□	保証したいこと、命題（例：システムは安全である）、ゴールはさらに詳細なゴール（サブゴール）に分解される。
説明（ストラテジ）	▱	システムの状態、環境などドールを議論するときの前提など（例：リスク分析の結果得られたハザードのリスト）
証拠（エビデンス）	○	ゴールをサブゴールに分けるときの考え方（例：個別の障害ごとに議論する）
前提（コンテクスト）	⬭	ゴールが成り立つことを最終的に保証するもの（例：テスト結果、運用事例など）
未定義要素	◇	ゴールを保証するための十分な議論、またはエビデンスがない（これはゴールとストラテジにつけることができる）

6.1.4　アシュアランスケースによる脅威分析検討事例

　本項ではIoTセキュリティに対してCC-Caseを用いた要件の可視化方法を示す。図6.1（pp.168-169）にスマートハウスの脅威と対策の検討例を示す。HEMS（Home Energy Management System）コントローラを中心に接続されたHEMS対応機器やそれ以外のネットワーク対応機器がホームルータを介してインターネットに接続されており、外出先からスマートフォンを用いてクラウドサービス経由で家庭内の機器にアクセスすることによって、家庭内の機器の様子を監視したり、遠隔操作したりすることが可能となる。

　このシステムでは、スマートハウス内に設置された機器の一部に保存されたデータの漏えい、通信路上のデータの盗聴・改ざん、クラウドサービスやインターネット上に接続された中継機器への不正アクセス、（不正ログイン、その後の不正コマンド発行による許可なき遠隔操作）、クラウドサービスやインターネット上に接続された中継機器へのDoS攻撃、クラウドサービス上に保存されたデータの漏えいなどの脅威が想定される。

　図6.1のIoTセキュリティ事例[15]をアシュアランスケースで記述したものが、図6.2（p.170）である。図6.2は「G_1スマートハウスのセキュリティ設計

は妥当である」というゴールを満たすために、「S_1脅威分析の洗い出しと対策を示す」戦略を「G_2スマートハウスの脅威分析は妥当である」と「G_3スマートハウスの脅威に対する対策立案と選択は妥当である」の2つのゴールに分けて説明している。

図6.2に示すG_2以下はスマートハウスにつながっている機器ごとと機器間の通信ごとに脅威を洗い出すことを求めている。各機器と機器間の通信の双方の脅威の出所をおさえれば、網羅的な脅威の洗い出しが可能になるからである。これらはG_4からG_11のゴールとして設定され、各ゴールで洗い出した脅威に対する対策をE_1からE_8の証跡として提示する。図6.1の事例をもとにすると□で囲われた脅威の詳細が各証跡となる。

図6.2に示すG_3以下は、洗い出した「S_4対策ごとに論証する」、「S_5対策選択に合意する」、「S_6残存リスクを影響分析する」という3つの戦略をプロセス化している。E_1からE_8であがった対策の中には、発生箇所が異なっていても対策として同じものが含まれるため、対策ごとに実施方法を証跡として示す。これらは脅威の洗い出しに対する重複の排除となる。

また、実施する対策は経営層、顧客などのステークホルダーとの合意が必要である。さらにコストそのステークホルダーなどを考慮して実施可能な対策でなければ実施できない。そこで実施の合意を得られた対策は合意を証跡として残し、コストなどの事情で実施にいたらなかった対策は影響分析をして残存リスクを証跡として示すことが必要である。これらは選択する対策と残存リスクを対処するプロセスとなる。

なお、G_12からG_19のゴールが妥当である根拠としてE_1からE_8の証跡を示しているが、これらが実際に「妥当である」というためには、別の考察や判断基準が必要であろう。本提案の意義はハイレベルな脅威分析の妥当性提示である。

セキュリティ要件の可視化を実際に用いるためにはそのケースに応じた段階的詳細化が必要となる。本手法では脅威分析を実施したいケースをインプットとし脅威の洗い出しの結果、立てた対策がアウトプットになる、このアウトプトは運用による対処と設計による対処に分かれて実施される（図6.3、p.171）。設計者はアシュアランスケースを利用することで脅威対策の全体像を把握し設計できる。またトレーサビティを保ちながら、修正、再利用をすることができる。

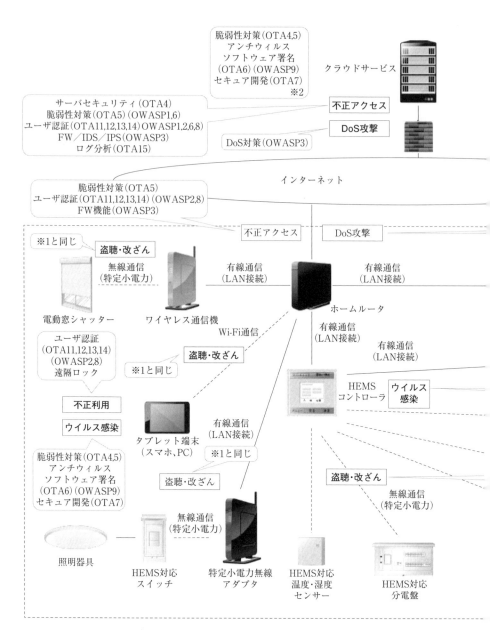

（出典）　IPA：『IoT開発におけるセキュリティ設計の手引き』、p.64、図5-3 スマートハウス
　　　　の脅威と対策の検討例、2021年

図6.1　スマートハウス

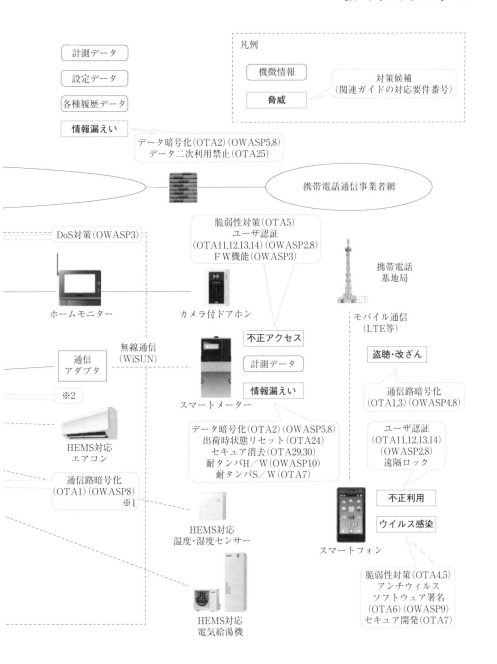

凡例

機微情報

脅威

対策候補
(関連ガイドの対応要件番号)

計測データ

設定データ

各種履歴データ

情報漏えい

データ暗号化(OTA2)(OWASP5,8)
データ二次利用禁止(OTA25)

携帯電話通信事業者網

DoS対策(OWASP3)

脆弱性対策(OTA5)
ユーザ認証
(OTA11,12,13,14)(OWASP2,8)
ＦＷ機能(OWASP3)

携帯電話
基地局

ホームモニター

カメラ付ドアホン

モバイル通信
(LTE等)

無線通信
(WiSUN)

不正アクセス

計測データ

盗聴・改ざん

通信
アダプタ

※2

情報漏えい

スマートメーター

通信路暗号化
(OTA1,3)(OWASP4,8)

HEMS対応
エアコン

データ暗号化(OTA2)(OWASP5,8)
出荷時状態リセット(OTA24)
セキュア消去(OTA29,30)
耐タンパＨ／Ｗ(OWASP10)
耐タンパＳ／Ｗ(OTA7)

ユーザ認証
(OTA11,12,13,14)
(OWASP2,8)
遠隔ロック

通信路暗号化
(OTA1)(OWASP8)
※1

不正利用

ウイルス感染

HEMS対応
温度・湿度センサー

スマートフォン

脆弱性対策(OTA4,5)
アンチウィルス
ソフトウェア署名
(OTA6)(OWASP9)
セキュア開発(OTA7)

HEMS対応
電気給湯機

の脅威と対策の検討例

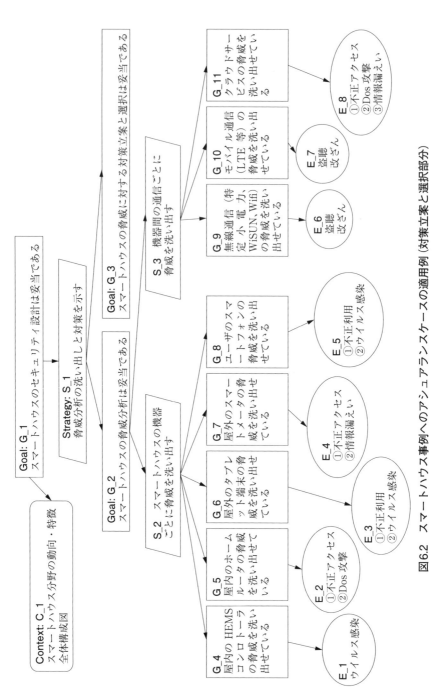

図6.2　スマートハウス事例へのアシュアランスケースの適用例（対策立案と選択部分）

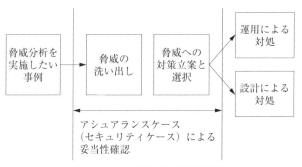

図6.3 脅威分析の妥当性確認

6.1.5 ステークホルダーとの設計情報共有

　ステークホルダーとの設計情報共有は「設計品質の見える化のメリット」の1つであり、アシュアランスケースは設計情報共有の有効な手段となる。

　セーフティとセキュリティの対応は企画、設計開発、販売・サポート、廃棄までライフサイクル全体において必要である。

　セーフティとセキュリティの両部門において、設計内容を共有するためにそれぞれの部門で作成したアシュアランスケースを共有し「見える化」に利用できる。セーフティ設計とセキュリティ設計のすり合わせにもアシュアランスケースは活用できる。

　ソフトウェア設計や再利用時の設計内容の理解において、新製品開発やバージョンアップ時のソフトウェア再利用時に、設計内容を理解するために活用できる。

　さらに設計者間の内容の理解だけでなく、経営層や品質管理部門などのステークホルダーとの設計情報共有にも利用可能である。

　また、トレーサビリティ、説明責任のツールとして問題が発生したときに設計内容を確認したり、問題と設計との関係を説明したりするために活用できる。また、筆者はシステム開発プロジェクトにおけるリスク管理や運用時のセキュリティインシデント対応の要件の見える化にアシュアランスケースを利用する提案[16][17]もしている。

6.2　現在のIoT開発の課題

　モノのインターネット（IoT：Internet of Things）といわれるIoTシステムは今後急激な普及、拡大が見込まれる。しかし、インターネットにより、つながる世界はさまざまなリスクも抱えており、開発プロセスの早い段階から将来のハザードや脅威に備えていくことが必要である。

　現代のシステムはネットワークを介してさまざまな機器やクラウドと連携しながら動作している。このように異なる分野の製品や産業機械などがつながって新しいサービスを創造するモノのインターネットは新産業革命とまでいわれ、大きな期待を集めている。IoTは家電、自動車、各種インフラ業者など新規プレイヤーの登場を産み、その取り込みは加速化している。

　IoTとは、機器もシステムも利用する人もインターネットによりすべてがつながる状態であり、従来の情報システムのように、情報だけがつながっているわけでなく、つながった機器は物性をもつので、インターネットでつながった他の機器、システム、人の影響を受け、壊れたり、利用者の健康や生命を与える可能性がある。そのため、設計者は安全性を守るセーフティを考慮する必要がある。

　さらに、相互につながる際に最も懸念されるのは、IoTシステムへのセキュリティ上の脅威である。

　IoTは家電、自動車、各種インフラ業者など新規プレーヤーの登場を産み、その取り込みは加速化している。しかし相互につながる際に最も懸念されるのは、IoTシステムへのセキュリティ上の脅威である。IoTシステムにおいても攻撃者はシステムの脆弱性を突いて攻撃を仕掛けてくるためである。

　IoTシステムへの脅威事例は日増しに増加している。2004年のHDDレコーダーの踏み台化は情報家電に対する初期の攻撃事例である[18]。この事例ではHDDレコーダーが外部サーバアクセス機能を有していたため踏み台として利用された。2013年の心臓ペースメーカの不正操作は無線通信で遠隔から埋め込み型医療機器を不正に操作できる脅威を示したものである[19]。また2013年にはジープを車載のインフォメーションシステム経由でインターネットからジープを操作できる研究も発表され、自動車メーカーを驚かせた[20]。インターネット接続の監視カメラのパスワードが設定されておらず、のぞき見が可能っているサイトがあり、プライバシーの問題が起きたこともある[21]。

6.3　IoTの特徴と求められていること・ガイドライン

　IoTの開発に求められていることとは何であろうか？

　IoTシステムにおいて、攻撃者はインターネットを介した遠隔地からシステムの脆弱性を突いて攻撃を仕掛けてくる。セキュリティの攻撃はセーフティに影響を与えるため、第4章で述べた「セーフティを守れるセキュリティ」が重要である。その課題解決策として、「セキュリティ・バイ・デザイン」が提唱されている。IoTシステムへの脅威に対して、より安全な機器、システムを開発する方法として、開発者に対する教育と訓練、経験の伝達、プロジェクト管理の徹底、運用管理の向上、セキュリティ方針の厳密化などがある。筆者はそれらとともに、開発方法論からの対応が必要であると考えている。製品・システムの中で動くソフトウェア自体の開発の仕組みの中に脅威への対抗手段を含めることがより根本的な対策になり得るからである。つながる世界であるIoTにとって、現在最も求められているのは安全・安心を確保するための開発指針であり、開発技術であろう。

　『つながる世界の開発指針（第2版）』[1]では、CEO、経営陣、開発者、オペレータが考慮すべき17のガイドラインとして、立場に応じたIoT開発の要件が示されている。ただし、具体的な実現方法は示さず、IoT開発のニーズを示してあるので、実現方法であるシーズは『つながる世界の開発指針』シリーズの1つである『「つながる世界の開発指針」の実践に向けた手引き［IoT高信頼化機能編]』[2]で、筆者らが示してきた。「IoT高信頼化機能」編の中でセーフティ・セキュリティにかかわる部分を概説し、ポイントとなる点を示す。

6.3.1　「IoT高信頼化機能」の概要

　IoT高信頼化機能は「IoT機器、IoTシステムが相互に連携する（つながる）環境において、安全・安心を確保するための機能」[2]と定義されている。

　同書では、のようにIoT高信頼化要件から保守・運用対策時の要件において、決定された12の機能要件に応じて23のIoT高信頼化機能が提示されている（表6.3、表6.4）。

　23のIoT高信頼化機能はIoT機器やIoTシステムは、クラウド層のもとにクラウド（雲）より、地上に近いため霧と名づけられた共通基盤であるフォグ層、ユーザの近く個別基盤であるエッジ層の基本モデルにもとづく、機能を配置す

表6.3　IoT高信頼化要件と機能要件

IoT高信頼性化要件		IoT高信頼性化を実現するための機能要件	対応するIoT高信頼性化機能番号
開始	[要件1] 導入時や利用開始時に安全安心が確認できる。	【機能要件1】初期設定が適切に行われ、その確認ができる。	1、2
		【機能要件2】サービスを利用するときに許可されていることを確認できる。	3、4
予防	[要件2] 稼働中の異常発生を未然に防止できる。	【機能要件3】異常の予兆を把握できる。	5、6、7、8、9
		【機能要件4】守るべき資産、機能を保てる。	4、5、6、10
		【機能要件5】異常発生に備えて事前に対処できる。	11
検知	[要件3] 稼働中の異常発生を早期に検知できる。	【機能要件6】異常発生を監視、通知できる。	12、13
		【機能要件7】異常の原因を特定するためのログが取得できる。	5、6
回復	[要件4] 異常が発生しても稼働の維持や市雨季の復旧ができる。	【機能要件8】構成の把握ができる。	14
		【機能要件9】異常が発生しても稼働の維持ができる。	8、15、16、17
		【機能要件10】異常からの早期復旧ができる。	11、18、19、20
終了	[要件5] 利用の終了やシステム・サービス終了後も安全安心が確保できる。	【機能要件11】自律的な終了や一時的な利用禁止ができる。	18、21、22
		【機能要件12】データを消去できる。	23

（出典）　IPA：『「つながる世界の開発指針」の実践に向けた手引き［IoT高信頼化機能編］』、p.20、表3-1、2017年

る[22]のがポイントである。「例えば、リソースの少ないエッジ層に負荷のかかる機能を配置できない場合は、上位のフォグ層やクラウド層でその機能を担保し、全体としてIoT高信頼化機能を実現できるようにする」[2]のである。

6.3.2　「IoT高信頼化機能」のポイント

　保守・運用時の対策において、必要となる機能を設計時に作り込むことを重要視し、図6.4のように開始、予防、検知、回復、終了の5つの段階ごとに機能要件を設定している。

　保守・運用中の対策は「予防・検知・回復」の3つに分けて考えられることが多い[23]。しかし、IoT機器やIoTシステムは環境や構成の変化が頻繁に発生するため、開始と終了を追加して「開始・予防・検知・回復・終了」の5つに分類できる。

表6.4　IoT高信頼化機能一覧

IoT高信頼化機能			
1	初期設定機能	13	状態可視化機能
2	設定情報確認機能	14	構成情報管理機能
3	認証機能	15	隔離機能
4	アクセス制御機能	16	縮退機能
5	ログ収集機能	17	冗長構成機能
6	時刻同期機能	18	停止機能
7	予兆機能	19	復旧機能
8	診断機能	20	障害情報管理機能
9	ウイルス対策機能	21	操作保護機能
10	暗号化機能	22	寿命管理機能
11	リモートアップデート機能	23	消去機能
12	監視機能		

（出典）　IPA：『「つながる世界の開発指針」の実践に向けた手引き［IoT高信頼化機能編］』、
　　　　　p.21、表3-2、2017年

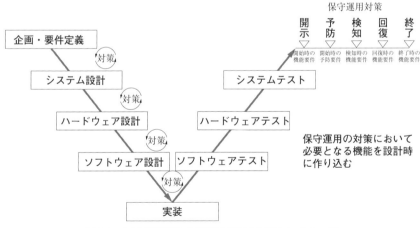

図6.4　IoT高信頼化を運用の視点で捉えたイメージ

　では、各段階にどのような対策があり、どのような機能を配置すべきであろ
うか？

　開始時の対策の機能としては認証機能やアクセス制御機能が用いられる。図
6.5のように「パスワードの桁数を一定以上にし、数字と英字と記号を組み合

図6.5　認証機能、アクセス制御機能（初期設定時）

わせる」などを初期利用時によくシステムから要求されるが、このような認証機能をシステム設計時に考慮することで初期設定の不備による情報漏えいなどを防ぐためのセキュリティ機能となる。また、システム初期導入時のアカウントやID設定を行うが、これは利用者や機器がサービス利用時に許可されていることを確認でき、設定条件に応じて、利用制限ができるのが、アクセス制御機能である。不正アクセスやデータ改ざんを防ぐセキュリティ機能となる。

　Webでは、長くパスワード確認のみの一要素認証が主流だったが、近年は、公開鍵と秘密鍵のキーペアからなるPKI(公開鍵暗号基盤)認証やパスワード、PIN、秘密の質問などの知識情報、スマートフォン、トークンなどの所持情報、指紋、声紋などの生体情報を組み合わせて認証する多要素認証などが用いられるようになっている。

　予防には、図6.6のように障害の予兆を捉え、診断ができるように、予兆機能、診断機能などを備えることや、ウイルス対策機能などや暗号化機能による守るべき機能・資産の保護などが必要になる。

　検知には、異常発生を早期に捉え、原因を特定することが求められる。そこで、図6.7のように障害の予兆を捉え、診断ができるように、ログ収集機能などを備えることやソフトウェアのリモートアップデート機能などが必要になる。

　また、システム障害の発生時の回復には、図6.8 (p.178)のようにシステム構成を把握する機能や状態可視化機能や、隔離、縮退、冗長構成、停止などの回

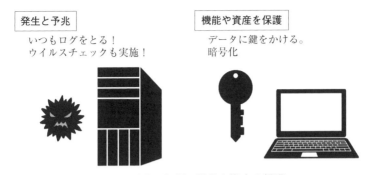

発生と予兆

いつもログをとる！
ウイルスチェックも実施！

機能や資産を保護

データに鍵をかける。
暗号化

図6.6　予兆の把握、機能や資産の保護

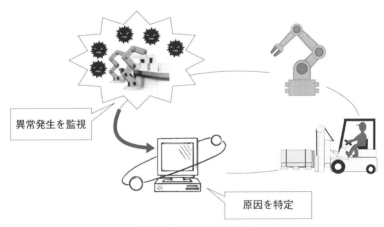

異常発生を監視

原因を特定

図6.7　監視と原因特定

復させる機能などが必要となる。

終了の対策は、サービス終了、廃棄時の情報漏洩のリスクが考慮し、終了や一時停止ができるように、操作保護機能や停止機能などが必要である。図6.9のように廃棄したものの内部格納情報を確実に消去できる消去機能も必要となる。

IoT高信頼化機能はIoT機器のもつメモリなどの資源の限界、IoTシステムのもつ複雑性などをより具体的に考慮して、設計に活かせる機能を示している。実装のディテールに際しては、対象のIoT機器、IoTシステムの進化に応じて、具体的な機能のあり方は変化してくることに留意されたい。

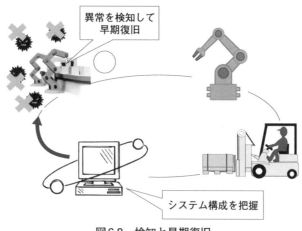

図6.8　検知と早期復旧

廃棄したものから
情報漏えい‼

データは消しましたか？

図6.9　データ消去の必要性

6.4　IoTのセーフティとセキュリティ

　IoTのセーフティとセキュリティの要件が、従来システムのセーフティとセキュリティと異なる点は①インターネットの発展によるシステムの複雑化と②サイバー世界とフィジカル世界の融合システム（CPS：Cyber Physical System）が出現していることだと筆者は考えている。そこで、システムの複雑化の観点でみたときに、本書が何を提示してきたのかを振り返り、CPSにおいて、セーフティとセキュリティを実現するための課題を考察する。

6.4.1　システムの複雑化と機能要件

　本書では、システムの複雑化を捉えようとした2大セーフティ理論を紹介してきた。

　第2章のSTAMPはシステム理論にもとづく事故モデルであり、STAMPは
システム全体でみることで、複雑なシステムをモデル化し、コントロールアク
ションで制御することで事故を防ぎ、セーフティを確立しようとしている。
STAMPモデルにおいて、各コンポーネントは機能であり、コントロースストラ
クチャ図全体で定めたシステム内の機能の相互作用を捉えている。なお、レブ
ソンはソフトウェアのセーフティにも言及してきた先駆者でもあるが、分析対
象は組み込みソフトウェア中心であり、AIなどのソフトウェアのセーフティ
には疑念を示している。

　第3章で紹介したレジリエンスエンジニアリングはカオス理論に基づいてい
る。ホルナゲルは、複雑なシステムのカオス状態を6つの入出力条件にもとづ
いて機能の共鳴で分析しようとしている。それが第3章で説明したFRAMで
ある。

　上記、セーフティ理論は、いずれもモデル化の単位となる対象であるシステ
ム、機器、人を機能として捉えている。

　第1章に詳細は述べたが、セーフティは安全性を人や物理的機器などが人の
健康、命に与える損失として捉えてきた経緯があり、物性をもつ対象は機能的
に捉えるのは当然だろう。

　また、第5章のコモンクライテリアでもPPを用い、セキュリティを機能と
して捉えている。

　さらに、本章の前半でアシュアランスケースを紹介した。アシュアランスケ
ースは論理的に要件を定めて、その根拠を連携づけて提示することでロジカル
な説明による保証をしようとした記法であり、システム要件を機能的に捉えて
いる。

　つまり、いずれの理論も手法も複雑なシステムを機能として捉え、複雑性を
解決する手段にしていることがわかる。

　開発者は論理的に考えるために、IoT高信頼化のように機能要件に分けた
り、セーフティやセキュリティ要件をFTAやアタックツリーなどで分類して、
より具体的な設計、製造につなげている。

　しかしながら、要件抽出と検証、妥当性確認による保証の問題は難しい。例
えば、本章ではスマートハウスのIoT事例において、どのように脅威を洗い出
すか、さらにアシュアランスケースを用いて、その脅威に対していかに安全を
保証するかについて述べた。脅威に関する要件を出し、アシュアランスケース

で妥当性を第三者でもわかりやすく判断できるという趣旨でこれらは有用性をもつ。ただし、それはあくまで、要件が的確に抽出され、開発者が論理的に考えた機能が正しく設計され、プログラムとして実装された場合の話である。

　さらに開発者が論理的に考えた機能が必要十分なのか、その設計が正しくプログラムとして実装されて、当初の要件を満たしているのかについて、検証し、妥当性を確認することは難しい。システムが複雑化すればするほど、必要十分なテストは実施できないし、テストケースを絞るほどに、未確認事項が残っていくのである。こうして、不確実性をはらんだソフトウェアはシステム障害を引き起こしかねない潜在バグを抱えたまま、世に存在し続けている。

6.4.2　意味と機能から考えるCPS

　第1章で紹介した5階層モデルではシステム（ハードウェア・機器）層とソフトウェア層に分けた。ソフトウェアとは パソコンの内部で動くプログラムやデータなど目に見えないもの全般である。コンピュータはハードウェアとソフトウェアから構成されるが、ソフトウェアがなくては、コンピュータはいわば、単なる箱である。

　このように筆者が両者を区別した最大の理由は「物性をもつハードウェア・機器と物性をもたないソフトウェアの特性を認識し、区別して対処することは重要である」と考えているからである。この区別は、サイバー世界とフィジカル世界の融合システム（CPS）を考えるときにも重要である。

　システムの1つひとつや人（5階層ではサービス層に相当）は物理的に分けることが比較的容易で、コンポーネント化しやすい。そのため、システムを工学的に捉えるときの分け方として、「機能」が用いられてきた。

　一方、ソフトウェアは物性をもたない概念である。ソフトウェアの意味は多義であるため、対象として捉える単位を決めることや分けること自体が難しい。概念を論理的に捉えようとするといずれかの意味に限定して捉えることになる。そして、物性をもつ対象と同様に扱われ、機能としてまとめられてきた。しかし、概念の場合、人が論理で考えた機能とその機能がもつべき具体的な内容には差異が生じてしまいがちである。つまり、ソフトウェアは、自身が備えている意味を捉えきれないという不確実性をもつ。セーフティはフィジカル世界、セキュリティはサイバー世界で発展してきた。CPSのセーフティとセキュリティのさまざまな課題は特性の違う対象物の区別をせずに、処理してい

ることから生じているのではないだろうか。

筆者は第4章のセキュリティ・バイ・デザインで述べたように、コンピュータにおいて安全性を確保するためには、セーフティ理論の応用をITセキュリティに適用し、ソフトウェアの安全上の脅威の解決を図ろうと研究してきた。しかしながら、ITセキュリティの課題を解決するためには、ソフトウェアの不確実性を踏まえることが必要不可欠であると考えるようになってきた。

第7章では、AIによる機械学習について解説するが、AI自体がディープラーニングのように不確実性をもつソフトウェアであり、物性をもたない概念をもつ。そのため、AIの安全性の課題もAI自体の意味を捉え切れないところから生じている課題だと思えてならない。

なお、2021年5月にはJTC1/SC41に提案の「ISO/IEC 30147：2021 Internet of Things (IoT) - Integration of IoT trustworthiness activities in ISO/IEC/IEEE 15288 system engineering processes」が国際標準規格として成立、出版された[5]。

ISO/IEC 30147は、IoT製品やサービスにおけるトラストワージネスの実装・保守のためのシステムライフサイクルプロセスを提供するものである。トラストワージネスとは、セキュリティ、プライバシー、セーフティ、リライアビリティ、レジリエンスなどによって、システムがその関係者の期待に応える能力を示す。日本発のIoTシステムの安全安心を確保する国際規格が発行され、IoT製品・サービスの開発や保守において広く活用され、つながる世界の安全安心な発展に寄与することを「つながる世界の開発指針」作成に関わったものの一人として、期待している。

Column 6 　日本のエネルギー政策とスマートハウス

現在、日本のエネルギー政策におけるスマートハウスの注目度は非常に高まっている。日本政府は2020年10月、「2050年までに脱炭素社会を実現し、温室効果ガスの排出を実質ゼロ」を目標とした「2050年カーボンニュートラル宣言」を発表した。

そして家庭用部門ではZEH（ネット・ゼロ・エネルギー・ハウス）を普及させることを目標の一つとして掲げている。ZEHとは年間の一次エネルギー消

費量の収支をゼロとすることをめざした住宅である。省エネルギー性を高めつつ、太陽光などの再生可能エネルギーを活用したエネルギーの自給自足を実現する住宅だ。

　ZEHを実現するために必要な技術がHEMS（Home Energy Management System）と呼ばれる家電製品や住宅設備機器などをネットワーク化し管理するシステムである。ネットワーク化する技術には、国際標準規格である「ECHONET Lite」が推奨されている。このECHONET Liteは、異なるメーカー間の相互接続性を確保することが出来る標準通信規格であり、ZEHにも標準実装されている。また、エネルギー関連機器以外に生活価値向上（快適性・利便性）に資する機器への実装も進んでおり、2020年度にはECHONET Lite対応機器の国内出荷台数が1億台を突破した。

　神奈川工科大学の一色正男教授によるとスマートハウスの普及が進むことでネットワークを介してあらゆるモノがつながることになり、その結果、住まい手にとってのリスクがサイバー空間のみにならず、フィジカルな空間まで広がっている。例えば、家電機器が従来のネットワーク上のPCと同様に踏み台にされることがある。また、家庭内通信の盗聴などによって標的型の攻撃が発生する場合もある。さらには、物理的な侵入によって盗聴器などを仕掛けることでサイバー空間へのバックドアが作られるケースも考えられる。そして「家庭」特有の脅威として、膨大な攻撃対象が存在し、マネジメント不在に起因する脆弱性、利用者側のリテラシー不足による想定外のインシデントの発生なども考えられる。したがって、スマートハウスに関する安心・安全を考えることは今後さらに重要になる。

機械学習システムの
セーフティとセキュリティ

「機械学習と安全性は本質的に相入れないものではないか？」という質問を機械学習の有識者にしたことがある。「無限の事象を相手にしている以上、機械学習による安全性の確保は難しい」という答えだった。

現在の人工知能を飛躍的に発展させた機械学習は統計的処理をベースにしており、精度を上げるためのさまざまな取組みがなされているが、不確実性をはらんでいる。人の命や健康にかかわるセーフティには確実性が必要とされてきた。また、機械学習はセキュリティ攻撃の防御に有用とされるが、機械学習自体への攻撃は与える影響が甚大なものとなる可能性がある。

本章では機械学習を含めたシステムの安全性やセキュリティについて、解説する。

7.1　機械学習システムの安全性

政府機関、科学技術振興機構（JST）から提出された戦略プロポーザル「AI応用システムの安全性・信頼性を確保する新世代ソフトウェア工学の確立／CRDS-FY2018-SP-03」[1] によると、深層学習を始めとする機械学習を含んだシステムはITシステム予測、分類などに用いられ成果をおさめている。しかし図7.1のように交通、運輸、医療などの人命にかかわる分野ではミスの深刻性が与える影響が大きいため、安全性を確保することが課題である。

7.1.1　AIソフトウェア工学（Software 2.0）

前出のJSTによる戦略プロポーザルでは「AIソフトウェア工学」の確立をめざし、その研究開発を推進強化することが提案されている。従来型のシステム開発においては、安全性・信頼性を確保し、効率よくシステム開発するための技術・方法論がソフトウェア工学の中で整備されてきた。

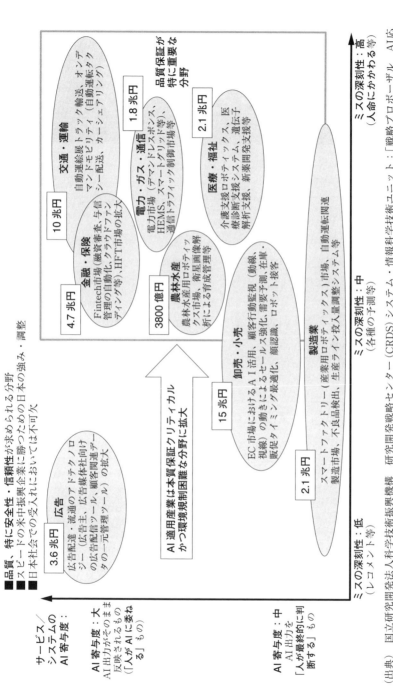

図7.1　機械学習システムの安全性・信頼性が求められる分野

（出典）　国立研究開発法人科学技術振興機構　研究開発戦略センター（CRDS）システム・情報科学技術ユニット：「戦略プロポーザル　AI応用システムの安全性・信頼性を保つ新世代ソフトウェア工学の確立」, p.19, 図9　産業分野と品質保証クリティカル性, 2018年

　それに対し、AIソフトウェア工学（機械学習工学、Software 2.0などとも呼ばれる）は、いわば新世代のソフトウェア工学であり、従来型だけでなく、機械学習型のコンポーネントも含むAI応用システムを対象として、その安全性・信頼性を確保するための技術・方法論を意味している。

　そしてAIソフトウェア工学を新しい学問分野として発展・確立させ、我が国がこの技術で国際競争力を確保するための基礎研究としてAIソフトウェア工学の体系化と基礎研究として重要な4つの技術的チャレンジがあげられている。4つの技術的チャレンジとは「①機械学習自体の品質保証、②全体システムとしての安全性確保、③問題を効率よく解く工学的枠組み、④ブラックボックス問題への対策」である[1]。

7.2　機械学習システムの安全性の課題

7.2.1　自動運転の安全性の課題

　筆者は機械学習システムの安全性の課題について安全性確保が最も重要な課題となっている自動運転の事例で検討してきた[2] [3]（図7.1）。仮説として11の課題をあげ、その内容が適切であるかを自動車関係者を中心にヒアリングを行った。また、課題検討（図7.1、図7.2、表7.1、図7.3）を行い、以下の5つが、他の6つの課題に比べて重要であると判断をし、機械学習にアンケート形式でこれらの課題に関する意見収集を実施した。

①　原因分析と対策ができない。
②　保証範囲が不明確
③　重要な場面での動作を担保できない。
④　テスト／学習データの妥当性が不明
⑤　不要動作を保証できない。

　ヒアリングの回答ではAI開発プロセスの中で要件プロセスにおける「保証範囲が不明確」という課題は品質保証にとって重要であるという意見が多くみられた。特に安全性保証は自動車など厳密な機能安全規格をもつ分野においては製造物責任に該当するため、克服すべき課題となっている。

7.2.2　課題分類と説明

　一般道路の任意の地点間の自動運転レベル3（条件付運転自動化）もしくは自

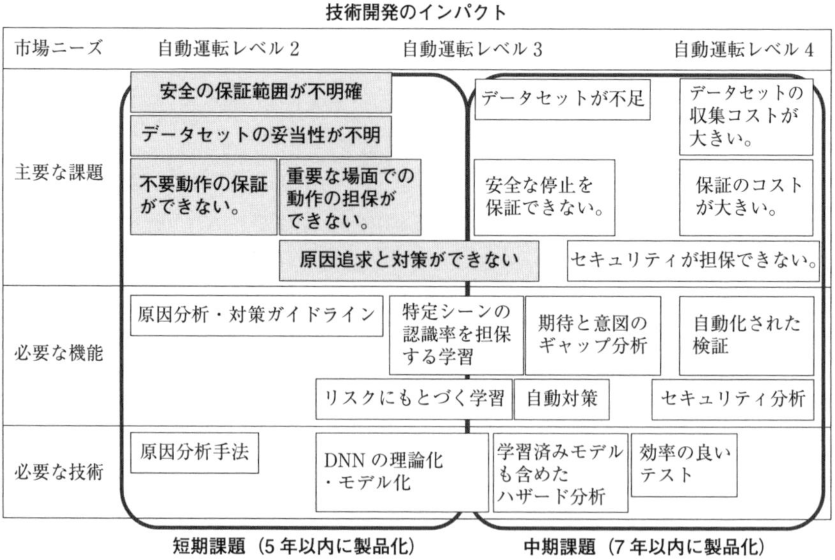

技術開発のインパクト

図7.2　自動運転の課題と必要機能・技術

表7.1　自動運転の課題の重要度と短期／中期

工程	課題	重要度	短期／中期
要件定義	保証範囲が不明確	5	短期
学習データ収集	テスト／学習データの妥当性が不明［課題Ⅱa］	5	短期
修正・対策時	不要動作を保証できない［課題Ⅲa］	5	短期
修正・対策時	重要な場面での動作を担保できない［課題Ⅲb］	5	短期
製品確認	原音分析と対策ができない［課題Ⅳa］	5	短期
製品確認	セキュリティを担保できない［課題Ⅳb］	2	中期
製品確認	保証のコストが大きい［課題Ⅳc］	3	中期
製品確認	安全な停止を保証できない［課題Ⅳd］	3	中期
学習データ収集	学習データが不足［課題Ⅱb］	3	中期
学習データ収集	学習データの収集コストが大きい［課題Ⅱc］	3	中期
運用時	モデルのアップデート［課題Ⅴ］	2	中期

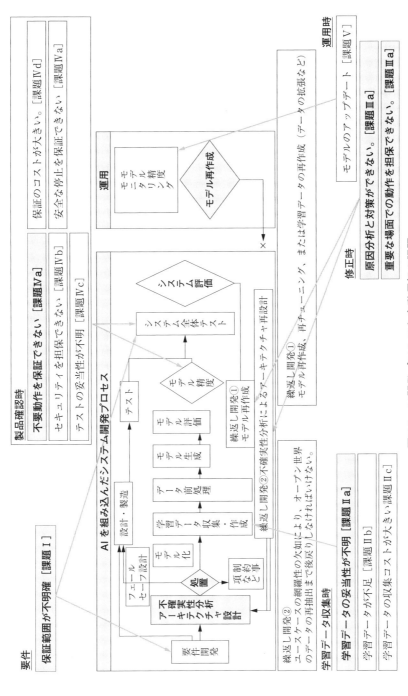

図7.3 AI開発プロセスと自動運転の課題

動運転レベル4（高度運転自動化：決められた条件下で、すべての運転操作を自動化）の自動運転走行を想定した製品化をめざす際に、5年後までに解決すべき課題を短期課題と定義し、7年後までに解決すべき課題を中期課題と定義した。

　自動運転の機械学習では想定する機能として複数台のカメラでCNN（Convolutional Neural Network）を使った物体認識を行い、認識したラベルをもとにハンドルとブレーキをアルゴリズムにより制御することを想定した。なお、システムレベルではミリ波レーダーやLiDARなどを追加してより高い安全性を担保することができるが、CNN自体の性能限界を想定してヒアリングやアンケートを実施した。

7.2.3　不明確な保証範囲

　自動運転の11の課題（表7.1、p.186参照）のうち最も大きな影響を与えると推察される要件定義段階における「保証範囲が不明確」について検討事項を示す。

　この課題における現状の難しさは、「①ODD（OperationalDesignDomain：運行設計領域）を明確にしたいが、扱う環境のバリエーションが多すぎて（外部環境が複雑）、条件を明確にできない」と「②DNN（ディープニューラルネットワーク）の解釈性が低く、どこまで扱えるのかが明確にならないため、保証できる範囲を決定できない」という2つの観点を持つ。

　自動運転における「運行設計領域」は実装で保証できる範囲であり、設計上、各自動運転システムが作動する前提となる走行環境条件である。各自動運転システムによって条件は異なり、すべての条件を満たす際に自動運転システムが正常に作動し、逆に、何らかの条件が欠けた場合、安全な運行停止措置や手動運転へ切り替えとなる。ODD（運行設計領域）における「条件」は以下のものがあげられる。また、その具体例を図7.4 [4] に示す。

【ODD（運行設計領域）における条件】

　道路条件：高速道路（自動車専用道路）と一般道の区別や車線数、車線や歩道の有無、自動運転車の専用道路など、走行する道路にかかわる条件

　地理条件：都市部や山間部、仮想的に線引きした地理的境界線（ジオフェンス）内など、道路の状況だけではなく周辺の環境も含んだうえで設定

＊推論に使った訓練済みモデルは、Yolo v3をCOCOで訓練させたモデル
＊例に出した写真はオープンデータセットに含まれているもので、研究目的以外には使用不可。利用制限に関しては各オープンデータのサイトを参照。

図7.4　自動運転の課題具体例

する条件
　環境条件：天候や日照状況（昼・夜の区別）など。豪雨時や降雪・積雪など車載センサーの精度に影響を及ぼす可能性がある場合など
　その他の条件：速度制限や信号情報などのインフラ協調の有無、特定の経路のみに限定した運行、保安要員の乗車要否、連続運行時間など

7.3　全体システムとしての安全性確保

　機械学習システムの安全性の最重要課題の1つである要件プロセスにおける「不明確な保証範囲」を克服する方法について7.3.1項で考察を行い、7.3.2項ではその実現のための方法を提案する。

7.3.1　機械学習とシステム

　機械学習型のコンポーネントも含むAI応用システムを対象として、その安全性・信頼性を確保するためには、まずは全体において、適用範囲をどう定め、どのように全体を把握し、分析可能とする方法があるかについての考察を行った。

　複雑なシステムを安全に開発するには、さまざまな要素を相互作用、異なる視点、ニーズを全体で捉え、適切な安全分析をしたうえでシステム開発をすることが必要になる。そのためには分析の土台として複雑なシステム全体を捉えられるモデルを構築することが望ましい。これを行うには、コントロールストラクチャ (CS) 図が適している。ただし、STAMPのCS図は主にシステムレイヤーのハザード分析のベースとして使用されるため、より階層的な方法で相互作用を捉える方法が必要となる。階層を明確にすることで、各層の特徴を捉え、各層内で詳細な分析を行うことができ、システム全体をより正確に捉えることができるからである。さらに機械学習システムの安全性について「保証範囲は不明確」という課題に「安全性保証範囲は現状明確にできないので、これを定義する技術がいる (DNNの場合の保証範囲の定義方法)」というコメントが寄せられ、これに賛同の声も多かった。従来の安全性分析技術は、個別の製品やコンポーネントに閉じており、広く他の要素を考慮しないと安全な状態を示せないからである。

　筆者はSTAMP S&S方式が階層を明確にした保証範囲の定義に寄与できると考えている。システム全体とその観点を広く考慮したCS図による5階層モデルとその安全性のゴールを定め、非安全なコントロールアクションへのシナリオ分析を網羅的に行うこと、その成果を仕様や標準に確実に反映していくことが重要である。その実施により、ケースごとの安全性保証範囲の定義になっていくからである。

　また、IoTでは複雑なシステムに対し、主にSystem層での関係性分析が必要とされる。しかし、機械学習システムは図7.5 [2] に示すようにソフトウェアであり、他の4層に大きな影響を与える。特に社会のニーズを捉えた開発と社会への影響分析が重要となる。

　例えば図7.6 (pp.192-193) はSTAMP S&Sの5階層モデルによるUberの事故分析のために作成した自動運転のCS図 [5] である。このように社会全体を捉えたうえで、各層の詳細なコンポーネント化とその相互作用分析 (横方向の分析)

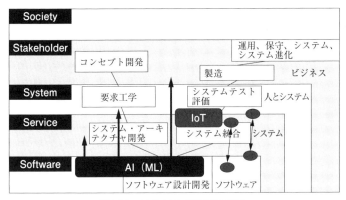

図7.5 AI/IoTと5階層モデル

や他の層との相互作用（縦方向の分析）を行い、さらに全体として安全性確保の妥当性確認を実施していくことが重要である。

7.3.2 機械学習システム全体としての安全性確保

機械学習を含んだシステム全体の安全性を確保する枠組みとして、STAMP S&Sの5層モデルをベースとして、安全性分析を各層において行うことを提案した。今後の課題として、以下の4つを順次実施していく。

① 提示メカニズムでの分析にSTAMPモデリングが適していることを具体例で示すこと

② 各層の横方向の分析と縦方向の分析のために、レイヤーの業務、ドメインにおける違いを整理

③ 分析ガイドワードの拡張に応じた対処

④ 安全性分析だけでなく、アーキテクチャ分析を可能にするための調整

そして新たなソフトウェアとしてのAI（ML）が他の層に与える影響をより多角的に分析することにより、安全性確保の範囲を定義していくとともに機械学習ソフトウェア工学の課題解決に寄与していく。

7.4 AIとセキュリティに関する4つの課題

AIのセキュリティにおいては克服すべき4つの課題がある[6][7]。それは以下の4つである。

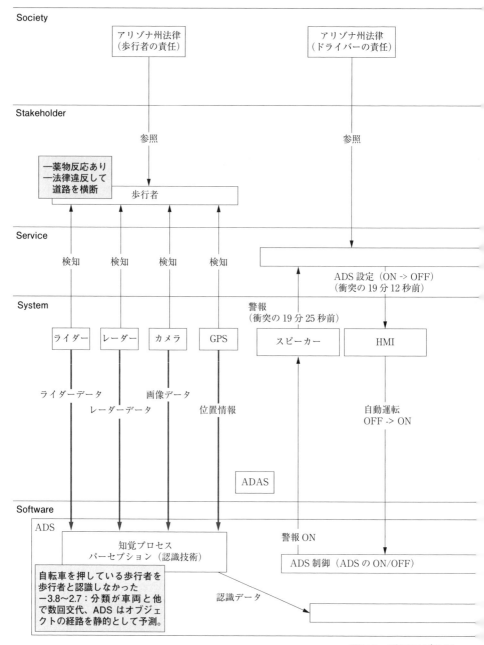

図7.6　階層モデルに

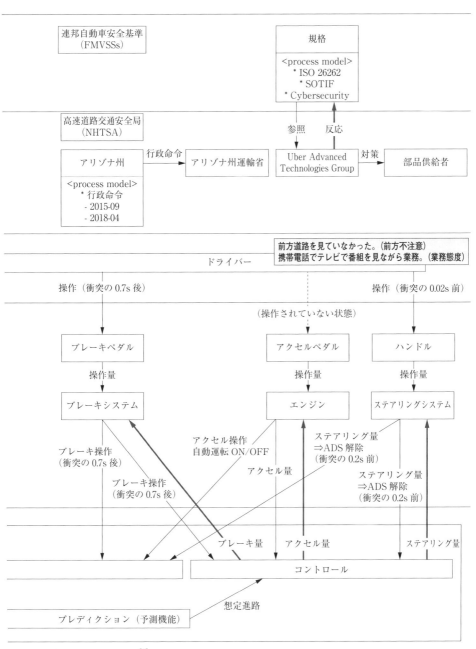

よる自動運転のCS図[5]

(a)　Attack using AI（AIを利用した攻撃）

(b)　Attack by AI（AI自身による攻撃）

(c)　Attack to AI（AIへの攻撃）

(d)　Measure using AI（AIを利用したセキュリティ対策）

以下、それぞれについて述べる。

7.4.1　Attack using AI（AIを利用した攻撃）

　Attack using AIは、人によって行われていた攻撃を、AIを用いて自動化するというものである。例えば、最近、ボットを利用して、コンサートなどのチケットの買い占めが試みられており、あるサイトではチケット購入のアクセスのうち9割超がボットだった[8]。近い将来、AI機能付きのウイルスが誕生するだろうと言われており、大きな脅威をもたらすことが想定される。機械学習の利用形態と攻撃方法の概要を図7.7に示す。

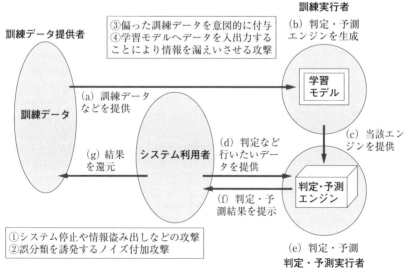

（出典）　佐々木良一、金子朋子、吉岡信和：「IoT時代におけるAIとセキュリティに関する統合的研究の構想」、コンピュータセキュリティシンポジウム2020（CSS2020）2020年10月

図7.7　機械学習の利用形態と攻撃方法の概要 [7]

7.4.2　Attack by AI（AI自身による攻撃）

　Attack by AIは、AI自身による自律的な攻撃をさす。一部の識者にはAIが進化し、人間を超越するシンギュラリティが生じ、AIの攻撃により将来的に人間が絶滅させられるだろうという危惧がある。ただし、現状は「強いAI（汎用AI）」ではなく「弱いAI（専用AI）」の研究が中心であり、弱いAIが汎用的な能力を発揮し、高度なAIを自動的に作ることは困難という見方が現状では多数を占めている[9]。

7.4.3　Attack to AI（AIへの攻撃）

　Attack to AIには、訓練済みモデルの誤分類を誘発するノイズ付加攻撃がある。例えば、動物名を判定するシステムに対し、パンダの画像に微細なノイズを加えることにより、人間が見ればパンダだが、システムにテナガザルと誤判断させるような攻撃が知られている[10]。

　また、機械学習に対して、偏った訓練データを意図的に与えることなどにより、不適切な判断をさせてしまう攻撃がある。例えば、米国Microsoft社のチャットボット「Tay」は、クラウドソーシングを利用して学習させた。ところが悪意を持ったユーザたちが協力して差別的な意見を繰り返し入力したことで、Tayは差別発言を繰り返すようになってしまった。これらは、重要な課題であり、現在いろいろな研究が行われている分野である。

7.4.4　Measure using AI（AIを利用したセキュリティ対策）

　Measure using AIは、セキュリティ対策にAIを用いるアプローチです。論文やWeb上の製品紹介によると、「マルウェアの検出」「ログの監視・解析」「継続的な認証」「トラフィックの監視・解析」「セキュリティ診断」「スパムの検知」「情報流出」などにAIを使ったというセキュリティ対策ツールは各社から提供されており、そのメリットがWeb上で述べられている。このようにセキュリティ対策のために機械学習を中心とするAIがすでに使われているが、現状では実際のフィールドでどの程度有効であるのかは、多くの場合不明である。

7.5　セーフティ＆セキュリティの今後

　筆者は、サイバーセキュリティ、IoT、AIのトレンドの変化の中、現在まで

にトレンドのニーズを踏まえながら、自らのCC-Caseという開発方法論を構築し続けてきた。サイバーセキュリティ上のセキュアシステム、セキュリティ・バイ・デザインというニーズを実現するため、セキュリティリスクを網羅的に抽出するSARMを考えることからはじめ、GSNによる品質保証とCCのプロセスやPPという準形式手法の有効利用とその組合せを考えた。

　さらに、IoTの本格化に伴い従来のサイバーセキュリティでは考えてこなかったセーフティを確保する必要が生じた。セーフティとセキュリティと信頼性を考慮したIoT高信頼化機能やGSNのIoT適用を進めた。

　また、複雑でミッションクリティカルな（組織の事業遂行に必要不可欠な）システムのために、システム思考のシステムズエンジニアリングが必要とされるようになった。これらのリスク分析にはSTAMPやレジリエンス・エンジニアリングといったセーフティ理論を踏まえ、セーフティを守れるセキュリティや、社会技術システムを捉えたときに、セーフティ＆セキュリティの状態を構成要素に応じて実現できることが必要となり、STAMP S&Sを提案するに至る。

　そして、これから本格的なAI時代を迎え、CC-Caseという開発方法論を前述のセーフティの確保が至上命題である自動運転などのAIの課題や4つのAIのセキュリティの課題（Attack using AI（AIを利用した攻撃）、Attack by AI（AI自身による攻撃）、Attack to AI（AIへの攻撃）、Measure using AI（AIを利用したセキュリティ対策））を解決できるものに大成すべく、研究を進めていく。現在、自動運転を中心に、深層学習（DNN）システムのリスク評価や実証実験、AIを含んだCPS（Cyber-Physical System）の事故分析手法の確立を目指した研究などを行っており、不確実性が高く難しい分野だが、一定の成果をだして世に問えるように精進していきたい。

　近年、ソフトウェアはシステムを支配しているといっても過言ではない重要性をもつ。そのソフトウェアにおいて、実質的に処理を制御しているのはプログラムである。そのため、プログラム自体の潜在バグの除去とウイルス無力化を備えるシナリオ関数は、セーフティとセキュリティの完全性への鍵を握ると考えている。

　CC-Caseはさまざまな技術要素を含んでいるが、それらのシステム理論にも適切な連動により、新たな時代のセーフセキュアシステムを構築されることを願う。そして、将来、CC-CaseはセーフティとセキュリティだけにとどまらないTrustworthyなデジタル社会の基盤になっていることを願う。

Column 7　セキュリティパターン

　セキュリティ対策の考え方を孫子の兵法にある「知彼知己百戦不殆（彼を知り己を知れば百戦殆（あやう）からず）」になぞらえてみる。

　「彼を知り」というところは「攻撃者・攻撃を知る。リスクを知る」となり、「己を知れば」というところは「価値あるサービス・資産を知る。被害を知る。脆弱性を知る」となる。すなわち「価値のあるサービスに、大きな被害が起きないように対策を講じる」ということにつながる。

　しかし、それぞれの「知る」ことは、セキュリティ工学の3つの課題である①複雑性、②状況の変化、③トレードオフのうち①と②に該当する課題となり、簡単には達成できない。そこでさまざまなケースを想定した攻撃やその対策のパターンをまとめておき共有する技術としてのセキュリティパターンの出番となる。

　早稲田大学の吉岡信和研究院教授はセキュリティパターンを研究しており優れたツールになると考えている[11]。攻撃パターンと対処方法をパターン化しておいて情報共有を行い、セキュリティに関する問題、すなわち攻撃、脆弱性やセキュリティの要求を明文化することを可能にする。例えば、C言語を使ってプログラムを構築する場合は、バッファオーバーフローといったメモリ管理の脆弱性をついた攻撃をまず考えなければならないである。また、Webを活用したソフトウェア（Webアプリケーションなど）では、Cookieを使ったパスワード漏えいや、セッションハイジャックなどを想定できる。

　デザインパターンとして定義する場合は、セキュリティの設計方法や攻撃方法をカタログ化し、再利用しやすいようの構造化を行う。分析パターンの場合は脅威分析やリスク分析を定型化し、実装パターンの場合はセキュリティ機能や設定を定義する。他には攻撃パターンとして攻撃方法や脆弱性パターンとして特徴を定型化する。日々新しい脅威が発生するセキュリティの世界では、パターン更新で情報共有していく仕組みが重要な役割を果たしていくことだろう。

あとがき

　2016年、日本科学技術連盟ソフトウェア品質管理研究会（SQiP研究会）セーフティ＆セキュリティ分科会の立ち上げに向けて構想を練っていた頃、「オリジナルな題材をベースに講義し、研究員とともに検討して技術者に納得のいく事例を作り、何年か後に本を出版できるような活動にしたい」と筆者は夢を描いた。そして、毎月の分科会で各種技術要素について講義し、3年がかりでその構想どおりの成果を積み上げることができた。

　本書の出版が決まったのは2020年4月のことで、完成までに1年半かかってしまった。筆者にとっては初めての単行本の執筆であり、1つひとつの研究題材や主張を統合化する作業は思った以上に大変だった。そこで、産官学の立場での活動をもとにした筆者のそれまでの研究に対して、まずは思索を深め、論文投稿してさらに価値あるものにすることに取り組んだ。その結果、2020年度に発表したジャーナル、国際会議論文、書籍記事、チャプターは20本以上になった。そのため一見、異なるように見えるこれらの研究をシステム安全の観点でつなぎ合わせたものに本書はなっている。

　本書の執筆にあたり多大なご協力をいただいた、SQiP研究会のみなさま、セーフティ＆セキュリティ分科会のアドバイザー佐々木良一先生、勅使河原可海先生、本書のコラム執筆に協力してくださった副査髙橋雄志氏、素晴らしい研究事例を作成いただいた2017年度から2020年度の研究員のみなさま、分科会で講義いただき、本書のコラムで紹介させていただいた各分野の有識者のみなさまに最大限の謝意を表したい。特に本書の自動運転やセキュリティインシデントの事例は、各年の分科会研究員のみなさまが自社業務の傍ら作成し、一緒に検討してきたものであり、集大成の形で世に出せることに感謝の思いで一杯である。

　また、本書は、セーフティ＆セキュリティの教科書的な意味合いが強く、多くの関係者との共同研究的知見を含んでいる。国立情報学研究所・eAIプロジェクトでの共同研究・活動をしている吉岡信和先生、石川冬樹先生をはじめとするみなさま、博士課程でのご指導をいただいた田中英彦先生、山本修一郎先

生、情報セキュリティ大学院大学のみなさま、独立行政法人情報処理推進在籍時にお世話になった松本隆明氏、小崎光義氏他の研究員のみなさま、セーフティの何たるかを教えてくださったレブソン先生、ホルナゲル先生、AI/IoTシステム安全性グループと機械学習工学研究会(MLSE)セーフティ・セキュリティWGの創設にご協力いただいた向山輝氏や野本秀樹氏、IPAのIoT安全性技術向上WGのみなさま、正統なプログラムの開発方法論を懇切丁寧に指導してくださった根来文生先生に心から感謝申し上げる。

　本書出版に至るまでにはさまざまな方にご支援いただいている。入社時より33年にわたり、IT開発業務、品質保証業務の実践の場を与えてくれている株式会社NTTデータにて、お世話になった多くの上司、同僚のみなさま、本書の編集をされた木村修氏をはじめとする日科技連出版社のみなさま、多忙のあまり、妻・母としては至らないことも多い私を支え、自由に研究活動をさせてくれている家族に謹んで感謝の意を表する。

　そして、これからの研究の大いなる示唆を与え、度重なる励ましを続けてくださっている学究と人生の師匠、両親に心からの謝意を込めて、以下の句を捧げる。

　学光り　安寧の方途　励みきし
　師親の芳恩　すぐるものなし

2021年9月

金子 朋子

参考文献

　本書では、章ごとに[1]から始まる参考文献番号を振り、巻末に掲載している。また、本文中の該当箇所に文献番号を表示している。しかし、前の章で出てきた文献が、以降の章で再び出てくる場合は、改めてその章の文献番号を振るのではなく、その文献が最初に出てきた章とその章における文献番号を該当箇所に示すこととした。

　例えば、第2章以降に、第1章の参考文献[27]に該当する箇所がある場合、[1-27]と表示している。読まれる際はこの点に留意されたい。

第1章の参考文献

[1]　SQuBOK策定部会編：『ソフトウェア品質知識体系ガイド（第3版）』－SQuBOK Guide V3－、2020年12月。

[2]　ISO：ISO/IEC Guide 51:2014
　　　https://www.iso.org/standard/53940.html

[3]　ナンシー・G・レブソン著、松原友夫 監訳、片平真史、吉岡律夫、西康晴、青木美津江 訳：『セーフウェア　安全・安心なシステムとソフトウェアをめざして』、翔泳社、2009年。

[4]　ISO/IEC 25010：2011 Systems and software engineering － Systems and software Quality Requirements and Evaluation (SQuaRE) － System and software quality models（「システムおよびソフトウェア製品の品質要求および評価（SQuaRE）－システムおよびソフトウェア品質モデル」）

[5]　Nancy G. Leveson, Engineering a Safer World, Systems Thinking Applied to Safety, 2012.

[6]　Erik Hollnagel, Nancy Leveson, David D. Woods 著, 北村正晴 監訳：『レジリエンスエンジニアリング―概念と指針』、日科技連出版社、2012年。

[7]　田辺安雄：「機能によって安全を確保する「機能安全」の考え方を知る」、『Design Wave Magazine』、No.109、2006年12月号、CQ出版。

[8]　JIS Q 31000：2010　「リスクマネジメント―原則及び指針」

[9]　IEC："IEC 61025：2006 Fault Tree Analysis（FTA）"
　　　https:// webstore.iec.ch/publication/4311.

[10]　United States Military Procedure："Procedure for performing a failure mode effect and criticality analysis," November 9, 1949, MIL-P-1629.

[11]　IEC 61882：2001 Hazard and operability studies（HAZOP studies）－ Application guide.
　　　http://www.iec.ch.

[12] Nancy G. Leveson, John P. Thomas：STPA handbook, 2018,
      http://psas.scripts.mit.edu/home/get_file.php?name=STPA_handbook.pdf

[13] Erick Hollnagel：*FRAM - The Functional Resonance
      Analysis Method: Modelling Complex Socio-technical Systems*, Farnham, UK:
      Ashgate., 2012.

[14] Erick Hollnagel："TO FEEL SECURE OR TO BE SECURE, THATA IS
      THE QUESTION, mini FRAMily in Japan", 2018.

[15] NEBOSH National Diploma - Unit A ¦ Managing Health and Safety,Fault Tree
      Analysis（FTA）and Event Tree Analysis（ETA）,
      https://www.icao.int/SAM/Documents/2014-ADSAFASS/Fault%20Tree%20
      Analysis%20and%20Event%20Tree%20Analysis.pdf

[16] SOTIF,ISO/PAS 21448（Road vehicles -- Safety of the intended functionality：
      SOTIF）,
      https://www.iso.org/standard/70939.html

[17] UL4600,
      https://ul.org/UL4600

[18] IEC 62304:2006,Medical device software‐Software life cycle processes,
      https://www.iso.org/standard/38421.html

[19] ISO/IEC 27000：2018　https://www.iso.org/standard/73906.html

[20] ISO/IEC 27032：2012

[21] サイバーセキュリティ基本法

[22] ISO/IEC 27005：2008,セキュリティリスク管理標準規格

[23] 「情報セキュリティの観点から見た行政情報システムの望ましいあり方」と
      「行政情報システムの企画・設計段階からのセキュリティ確保に向けた取組み」
      （セキュリティ・バイ・デザイン［SBD]）、2007年、
      https://www.nisc.go.jp/conference/seisaku/dai15/pdf/15siryou02.pdf

[24] ISO 9001:2015, ISO-ISO　9001:2015-Quality management systems‐
      Requirements

[25] 公開鍵基盤（PKI：Public Key Infrastructure）の規格

[26] XML（Extensible Markup Language）を利用したセキュリティ情報交換の規格

[27] ISO/IEC 15408, "Evaluation criteria for IT security",
      https://www.iso.org/standard/50341.html

[28] NIST SP800-160, Systems Security Engineering:Considerations for a
      Multidisciplinary Approach in the Engineering of Trustworthy Secure
      System,
      https://csrc.nist.gov/publications/detail/sp/800-160/vol-1/final

[29] IPA：『つながる世界のセーフティ＆セキュリティ設計入門～IoT時代のシス
      テム開発『見える化』～』、2015年。

https://www.ipa.go.jp/files/000055007.pdf

[30] Nancy G. Leveson：CAST handbook,
http://psas.scripts.mit.edu/home/get_file4.php?name=CAST_handbook.pdf

[31] 内閣府：「Society 5.0 とは」、
https://www8.cao.go.jp/cstp/society5_0/index.html

[32] Ian Sommerville：Software Engineering-10ed, Pearson Education Limited
https://www.oreilly.com/library/view/software-architecture-patterns/9781491971437/ch01.html

[33] 「OSI モデル – ISO オープンシステム相互接続モデルと TCP/IP モデルとの比較」、
https://knowledgeofthings.com/osi-model-and-its-comparison-to-tcpip-model/

[34] Mark Richards：「ソフトウェア アーキテクチャ パターン」、
https://www.oreilly.com/library/view/software-architecture-patterns/9781491971437/ch01.html

[35] ISO/IEC/IEEE 12207 https://www.iso.org/standard/63712.html

[36] IPA，共通フレーム 2013,
https://www.ipa.go.jp/sec/publish/tn12-006.html

[37] ISO/IEC/IEEE15288:2015,
https://www.iso.org/standard/63711.html

[38] Tomoko Kaneko, Nobukazu Yoshioka："STAMP S&S: Layered Modeling for the complexed system in the society of AI/IoT", JCSBSE2020.

[39] Tomoko Kaneko, Nobukazu Yoshioka, Ryoichi Sasaki,STAMP S&S: "Safety & Security Scenario for Specification and Standard in the society of AI/IoT", IEEE 20th International Conference on Software Quality, Reliability and Security Companion（QRS-C）, 2020.

[40] Tomoko Kaneko, Nobukazu Yoshioka,："A five-layer model for analyses of complex socio-technical systems", The 27TH CONFERENCE ON PATTERN LANGUAGES OF PROGRAMS（PLoP2020）, 2020.

[41] カーネギーメロン大学ソフトウェア工学研究所の用語集,
https://www.sei.cmu.edu/opensystems/glossary.html

[42] アーキテクチャとは？本来の意味とIT用語をわかりやすく説明, https://biz.trans-suite.jp/8540#i-4

[43] Tomoko Kaneko, Nobukazu Yoshioka,："CC-Case: Safety & Security Engineering Methodology for AI/IoT", 1st chapter of " A Closer Look at Safety and Security", Nova Science Publishers, Inc, 2020.

[44] 末岡洋子：「パケット通信」考案者の1人、クラインロック氏が振り返る「インターネット誕生」の瞬間、ログに残された2行のメモ、ASCII.jp & TECH
https://ascii.jp/elem/000/000/866/866394/index-2.html

第2章の参考文献

[1] L・フォン・ベルタランフィ 著、長野敬、太田邦昌 訳:『一般システム理論
――その基礎・発展・応用』、みすず書房 、1973年。

[2] ノーバート・ウィーナー著、池原止戈夫、彌永昌吉、室賀三郎、戸田巖 訳:『ウ
ィーナー サイバネティックス――動物と機械における制御と通信』(岩波文庫)、
岩波書店、2011年。

[3] IPA:「システム思考の重要性について考える」、SEC Journal Vol.13, No.4, 2018
https://www.ipa.go.jp/files/000064383.pdf

[4] Warren Weaver,Science and complexity,
https://people.physics.anu.edu.au/~tas110/Teaching/Lectures/L1/Material/
WEAVER1947.pdf

[5] ハーバート・A・サイモン 著、稲葉元吉、吉原英樹 訳:『システムの科学(第3
版)』、パーソナルメディア、1999年。

[6] エリック ホルナゲル 著、北村正晴、小松原明哲 訳:『Safety - I & Safety -
Ⅱ -安全マネジメントの過去と未来』、海文堂出版、2015年。

[7] Nancy Leveson, Safety-III: *A Systems Approach to Safety and Resilience*, July
2020,
http://sunnyday.mit.edu/safety-3.pdf

[8] Safety2.0・協調安全について,
https://www.japan-certification.com/safety_registration/safety2/about/

[9] William Young, Nancy Leveson:"Systems Thinking for Safety and Security",
Proceedings of the 29th Annual Computer Security Applications Conference
(ACSAC 2013), pp.1-8,2013.

[10] William Young, Reed Porada:"System-Theoretic Process Analysis for
Security (STPA-SEC):Cyber Security and STPA", 2017 STAMP Conference.

[11] Ivo Friedberg, Kieran, Paul Smith, David Laverty and Sakir Sezer:"STPA-
SafeSec: Safety and security analysis for cyber-physical systems",*Journal of
Information Security and Applications*, Vol.34, Part 2, pp.183-196 (2017).

[12] 金子朋子、高橋雄志、大久保隆夫、勅使河原可海、佐々木良一:"安全解析
手法STAMP/STPAに対するセキュリティ視点からの脅威分析の拡張停案"、
CSS2017、Oct. 2017.

[13] 金子朋子、高橋雄志、大久保隆夫、勅使河原可海、佐々木良一:"安全性解
析手法STAMP/STPAへの脅威分析(=STRIDE)の適用"、CSEC研究会、
Mar8.2018

[14] Tomoko Kaneko, Yuji Takahashi, Takao Okubo and Ryoichi Sasaki:"Threat
analysis using STRIDE with STAMP/STPA",The International Workshop
on Evidence-based Security and Privacy in the Wild 2018.

[15] Mark A. Vernacchia:"Industry Standards SAE STPA Recommended

Practice Task Force Update J3187 – Applying System Theoretic Process Analysis (STPA) to Automotive Applications",
http://psas.scripts.mit.edu/home/wp-content/uploads/2020/07/SAE-STPA-Recom-Pract-Task-Force-Update.pdf

[16] MIT STAMP Workshop2020,
http://psas.scripts.mit.edu/home/2020-workshop-information/

[17] IPA：『はじめての STAMP/STPA ～システム思考に基づく新しい安全性解析手法～』、2016年。

[18] IPA：『はじめての STAMP/STPA（実践編）～システム思考に基づく新しい安全性解析手法～』はじめてのSTAMP／STPA（実践編），2017年。

[19] IPA：『はじめての STAMP/STPA（活用編）～システム思考で考えるこれからの安全～』、2018年。

[20] IPA：『STAMPガイドブック ～システム思考による安全分析～』、2019年。

[21] IPA社会基盤センター：「STAMP向けモデリングツールSTAMP Workbench」、
https://www.ipa.go.jp/sec/tools/stamp_workbench.html

[22] 第2回AI/IoT システム安全性シンポジウム（AIS^3）、
https://qaml.jp/2020/08/29/ais3_2020_presentaion/

[23] AI/IoT システム安全性コミュニティ、
https://ai-iot-system-safsec.connpass.com/

[24] アビコム：「航空無線データ通信サービス」、
https://www.avicom.co.jp/services/data_link/

[25] Microsoft：STRIDEモデル、
https://docs.microsoft.com/ja-jp/azure/iot-hub/iot-hub-security-architecture

[26] IPA：『情報処理システム高信頼化 教訓集IT サービス編 別冊Ⅱ：障害分析手法』、2019年。
https://www.ipa.go.jp/files/000071988.pdf

[27] IPA『情報処理システム高信頼化 教訓集IT サービス編』、2019年、
https://www.ipa.go.jp/files/000071982.pdf

[28] 三宅保太朗、大西智久、壁谷勇磨、中嶋良秀、藤原真哉、山口賢人、須藤智子、出原進一、金沢昇、西啓之、山崎真一、佐々木良一、髙橋雄志、金子朋子："CASTとFRAMによるセキュリティ事故分析 ～システム思考とレジリエンス～"，日本科学技術連盟 ソフトウェア品質管理研究会、2020年2月。

[29] 産業技術総合研究所：「産総研の情報システムに対する不正なアクセスに関する報告」、2018年。
https://www.aist.go.jp/pdf/aist_j/topics/to2018/to20180720/20180720aist.pdf

第3章の参考文献

[1] Erick Hollnagel：To Feel Secure or to Be Secure, That Is the Question Erik

Hollnagel, Springer, pp.171-180, 2018.

[2] Erik Hollnagel、David D. Woods、John Wreathall、Jean Paries 著、北村正晴、小松原明哲 監訳：『実践レジリエンスエンジニアリング―社会・技術システムおよび重安全システムへの実装の手引き』、日科技連出版社、2014年。

[3] 野本秀樹、道浦康貴、石濱直樹、片平真史：「FRAM（機能共鳴分析手法）による 成功学に基づく安全工学」、『SEC journal』、Vol.14、No.1、2018年8月号。
https://www.ipa.go.jp/files/000068587.pdf

[4] 野本秀樹：「STAMPとFRAM」、2016年。
https://www.ipa.go.jp/files/000057123.pdf

[5] Erik Hollnagel：“FRAM：The Functional Resonance Analysis Method A brief Guide on how to use the FRAM”, 2018.
https://functionalresonance.com/onewebmedia/FRAM%20Handbook%20 2018%20v5.pdf

[6] The Functional Resonance Analysis Method,
https://functionalresonance.com/onewebmedia/Manual%20ds%201.docx.pdf

[7] FRAM Model Visualizer,
https://functionalresonance.com/FMV/index.html

[8] FRAM Model Interpreter,
https://functionalresonance.com/the-fram-model-interpreter.html

[9] L. J. Camp：“Design for Trust”, *Trust, Reputation and Security: Theories and Practice*, ed. Rino Falcone, Springer-Verlang（Berlin）2003.

[10] L. J. Hoffman et al.：“Trust beyond security: an expanded trust model”, *Communication of the ACM*, Vol. 49, No.7, pp.94-101,2006.

[11] P. Slovic：“Perceived risk, trust, and democracy”, *Risk Analysis*, 13, pp.675-682, 1993.

第4章の参考文献

[1] 金子朋子, スマートフォンはデジタル社会へのパスポート,『潮』、1月号、潮出版社、2020年。

[2] NISC：「情報システムに係る政府調達におけるセキュリティ要件策定マニュアル」、https://www.nisc.go.jp/active/general/sbd_sakutei.html,2019年

[3] NISC：「情報セキュリティを企画・設計段階から確保するための方策（セキュリティ・バイ・デザイン[SBD]）」、
https://www.nisc.go.jp/active/general/pdf/SBD_overview.pdf（参照2011年）

[4] NISC：「安全な IoT システムのためのセキュリティに関する一般的枠組」、
https://www.nisc.go.jp/active/kihon/pdf/iot_framework2016.pdf,2016年

[5] IPA：「セーフティ設計・セーフティ設計に関する実態調査結果」、2015年9月。
https://www.ipa.go.jp/files/000047857.pdf

[6] B. Schneier："Attack Trees", *Dr. Dobb's Journal of Software Tools*, 24 (12),
     pp. 21-29, 1999).

[7] Barbara Kordy, Sjouke Mauw, Saša Radomirović, Patrick Schweitzer：
     "Foundations of Attack-Defense", Trees, Conference:Formal Aspects of
     Security and Trust - 7th International Workshop, FAST 2010, Pisa, Italy,
     September 16-17, 2010. Revised Selected Papers.
     https://www.researchgate.net/publication/221026894_Foundations_of_Attack-
     Defense_Trees

[8] G. Sindre and L. A. Opdahl："Eliciting security requirements with misuse
     cases", Requirements Engineering, Vol.10, No.1, pp.34-44, 2005.

[9] Steve Lipner ,Michael Howard,:「信頼できるコンピューティングのセキュリテ
     ィ開発ライフサイクル」、
     https://msdn.microsoft.com/ja-jp/library/ms995349.aspx

[10] マイクロソフト：「モノのインターネット (IoT) のセキュリティ アーキテクチ
      ャ」,
      https://docs.microsoft.com/ja-jp/azure/iot-fundamentals/iot-security-
      architecture

[11] L. Chung, B.A.Nixon, E.Yu et al.：*Non-Functional Requirements In Software
      Engineering, Academic Publishers*, 1999.

[12] IPA：「非機能要求の見える化と確認の手段を実現する「非機能要求グレード」
      の公開」、
      http://www.ipa.go.jp/sec/softwareengineering/reports/20100416.html

[13] E. Yu："Social Modeling for Requirements Engineering", i*homepage, i*
      (online), available from
      http://www.cs.toronto.edu/km/istar/

[14] E. Letier：Reasoning about Agents in Goal-Oriented Requirements
      Engineering, Université Catholique de Louvain (2001).

[15] L. Liu, , E. Yu and J. Mylopolos,："Security and Privacy Requirements
      Analysis within a Social Setting", Proc. IEEE International Conference on
      Requirements Engineering RE 2003, pp.151-161, 2003.

[16] 金子朋子、山本修一郎、田中英彦：「アクタ関係表に基づくセキュリティ要求
      分析手法 (SARM) を用いたスパイラルレビューの提案」、『情報処理』、Vol.52、
      No.9、2011年。

[17] 吉岡信和, Bashar Nuseibeh：「セキュリティ要求工学の概要と展望」、『情報処
      理』、Vol.50、No.3、2009年。

[18] 金子朋子："CC-Case：セキュリティ要求分析・保証の統合手法"、
      情報セキュリティ大学院大学学位論文
      lab.iisec.ac.jp/degrees/d/theses/iisec_d24_thesis.pdf 2014年3月

[19] 独立行政法人情報処理推進機構：『組み込みソフトウェア開発向けコーディン
グ作法ガイド[C言語版]』、2018年。
https://www.ipa.go.jp/files/000064005.pdf

[20] 独立行政法人情報処理推進機構：『組み込みソフトウェア開発向けコーディン
グ作法ガイド[C++言語版]』、2018年。
https://www.ipa.go.jp/files/000052455.pdf

[21] 経済産業省：「コンピュータウイルス対策基準」、
https://www.meti.go.jp/policy/netsecurity/CvirusCMG.htm

[22] 特許第5992079号：2016年8月26日登録、特許名称：「ウイルス侵入検知及び
無力化方法」。

[23] 特許第6086977号：2017年2月10日登録、特許名称：「本来の業務処理を正統
な主語の脈絡として成立させる為の手順をコンピュータに実行させるシナリオ
関数として規定されるプログラム」。

[24] 米国特許第10235522号（2019年3月19日登録）DEFINITION STRUCTURE
OF PROGRAM FOR AUTONOMOUSLY DISABLING INVADING VIRUS,
PROGRAM EQUIPPED WITH STRUCTURE, STORAGE MEDIUM
INSTALLED WITH PROGRAM, AND METHOD/DEVICE FOR
AUTONOMOUSLY SOLVING VIRUS PROBLEM.

[25] AppGuardHP,
https://appguard.jp/

[26] IPA：「共通脆弱性タイプ一覧CWE概説」、
https://www.ipa.go.jp/security/vuln/CWE.html

[27] IPA：共通脆弱性識別子CVE概説、
https://www.ipa.go.jp/security/vuln/CVE.html

[28] CAPEC："Common Attack Pattern Enumeration and Classification
(CAPEC™) (mitre.org)",
https://capec.mitre.org/index.html

[29] Japan Vulnerability Notes：「脆弱性レポート 一覧（jvn.jp）」、
https://jvn.jp/report/

[30] Japan Vulnerability Notes iPedia：「脆弱性対策情報データベース」、
https://jvndb.jvn.jp/index.html

[31] ISO/IEC 15026-2:2011,Systems and software engineering ― Systems and
software assurance ― Part 2: Assurance case

[32] Stephen Edelston Toulmin："The Uses of Argument," Cambridge University
Press, 1958.

[33] The Adelard Safety Case Development（ASCAD）, Safety Case Structuring:
Claims, Arguments and Evdence,
http://www.adelard.com/services/SafetyCaseStructuring/index.html

[34] Tim Kelly and Rob Weaver："The Goal Structuring Notation – A Safety Argument Notation", Proceedings of the Dependable Systems and Networks 2004 Workshop on Assurance Cases, July 2004.

[35] T. P. Kelly & J. A. McDermid："Safety Case Construction and Reuse using Patterns", in Proceedings of 16thInternational Conference on Computer Safety, Reliability and Security （SAFECOMP'97）, Springer-Verlag, September1997

[36] DEOS プロジェクト、
http://www.crest-os.jst.go.jp

[37] 松野裕、高井利憲、山本修一郎：『D-Case 入門 －ディペンダビリティ・ケースを書いてみよう！―』、ダイテックホールディング、2012年。

[38] 金子朋子，髙橋雄志，勅使河原可海，吉岡信和，山本修一郎，大久保隆夫，田中英彦：「セキュリティ要求分析・保証の統合手法CC-Caseの有効性評価実験」,『情報処理学会論文誌コンシューマ・デバイス＆システム（CDS）』、Vol.8、No.1、pp.11-26、2018年1月30日。

[39] White Paper on Limitations of Safety Assurance and Goal Structuring Notation（GSN）,
http://sunnyday.mit.edu/safety-assurance.pdf

[40] IPA：「IoT 開発におけるセキュリティ設計の手引き」、2018年。
https://www.ipa.go.jp/files/000052459.pdf

[41] 金子朋子、山本修一郎、田中英彦：「システム開発プロジェクトにおけるリスク管理へのアシュアランスケースの効果的利用」、『プロジェクトマネジメント学会誌』、Vol. 16、No.4、pp.14-19、2014年。

[42] 金子朋子，より安全なシステム構築のために～CC-Case_iによるセキュリティ要件の見える化，日本セキュリティ・マネジメント学会（5月号）2016年5月

[43] 梅田浩貴：「第3者検証におけるアシュアランスケース入門～独立検証及び妥当性確認(IV&V)における事例紹介」, *ETwest*、2015年。

[44] 金子朋子：「セキュリティ・バイ・デザインとアシュアランスケース」、
https://www.ipa.go.jp/files/000055734.pdf

第5章の参考文献

[1] Common Criteria for Information Technology Security Evaluation,
http://www.commoncriteriaportal.org/cc/

[2] IPA：「セキュリティ評価基準（CC/CEM）」、
http://www.ipa.go.jp/security/jisec/cc/index.html

[3] 田淵治樹：『国際規格による情報セキュリティの保証手法』, 日科技連出版社、2007年。

[4] 金子朋子、村田松寿：「セキュリティ評価基準コモンクリテリアが変わる-ユーザもベンダも乗り遅れるな!」、『情報処理学会デジタルプラクティス』、vol.6、No.1、2015年。

[5] 金子朋子、山本修一郎、田中英彦：「CC-Case ～コモンクライテリア準拠のアシュアランスケースによるセキュリティ要求分析・保証の統合手法」、『情報処理学会論文誌』、Vol.55、No.9、2014年。

[6] Tomoko Kaneko, Shuichirou Yamamoto and Hidehiko Tanaka: "CC-Case as an Integrated Method of Security Analysis and Assurance over Life-cycle Process", *IJCSDF* 3 (1) , pp.49-62 Society of Digital Information and Wireless Communications, 2014 (ISSN:2305-0012).

[7] Tomoko Kaneko, Nobukazu Yoshioka："CC-Case: Safety & Security Engineering Methodology", *The International Journal of Systems and Software Security and Protection (IJSSSP)* ,Vol.12, issue 1, 2021.

[8] 金子朋子、吉岡信和、CC-Case:「AI/IoT の複雑なシステムに対応する安全安心な開発方法」、電子情報通信学会知能ソフトウェア工学研究会、2020年1月。

[9] 金子朋子、林浩史、高橋雄志、吉岡信和、大久保隆夫、佐々木良一：「STAMP S&S ～システム理論によるセーフティ・セキュリティ統合リスク分析」、*CSS2019*。

[10] 大森淳夫、西村伸吾、柴引涼、久木元豊、荒井文昭、神田圭、中嶋良秀、久連石圭、邱章傑、松本江里加、細谷雅樹、太郎田裕介、勅使河原好美、高橋雄志、金子朋子：「セーフティ＆セキュリティ開発のための技術統合提案と事例作成～STAMP／STPAとアシュアランスケースの統合」、日本科学技術連盟ソフトウェア品質管理研究会、2018年2月。

[11] 茂野一彦：「自動車用機能安全規格ISO26262の紹介」、『MSS技法』、Vol.23、pp.23-38、2013年。

[12] 須田義大、青木啓二、自動運転技術の開発動向と技術課題、情報管理、57巻11号 p. 809-817、2015

[13] 西澤賢一、大森淳夫、田中基大、仲田謙太郎、中嶋良秀、畑久美子、渡邉泰宙、佐々木良一、髙橋雄志、金子朋子、セーフティ＆セキュリティ開発におけるSTAMP/STPAの有効性検証　日本科学技術連盟ソフトウェア品質研究会、2019年2月

[14] 個人情報保護法、
https://www.ppc.go.jp/files/pdf/201212_personal_law.pdf

第6章の参考文献

[1] IPA：『つながる世界の開発指針（第2版)』、
https://www.ipa.go.jp/files/000060387.pdf

[2] IPA：『「つながる世界の開発指針」の実践に向けた手引き〔IoT高信頼化機能

編]』、

https://www.ipa.go.jp/files/000059278.pdf

[3] 総務省、経済産業省：「IoT セキュリティガイドライン ver1.0」、IoT 推進コンソーシアム、2016年7月。

https://www.soumu.go.jp/main_content/000428393.pdf

[4] 河合和哉：「IoTの国際標準化、～JTC 1/SC 41の活動について」、

https://www.idec.or.jp/renkei/whats_new/03_kawai.pdf

[5] 経済産業省：「IoT製品・システムを安全に実装するための国際規格が発行されました」、2021年6月21日。

https://www.meti.go.jp/press/2021/06/20210621004/20210621004.html

[6] Stephen Edelston Toulmin："The Uses of Argument," *Cambridge University Press*, 1958.

[7] ISO/IEC 15026-2：2011,Systems and software engineering—Systems and software assurance — Part 2：Assurance case

[8] The Adelard Safety Case Development（ASCAD）, Safety Case Structuring：Claims, Arguments and Evidence,

https://www.adelard.com/asce/choosing-asce/cae.html

[9] Tim Kelly and Rob Weaver："The Goal Structuring Notation – A Safety Argument Notation", Proceedings of the Dependable Systems and Networks 2004 Workshop on Assurance Cases, July 2004.

[10] T. P. Kelly & J. A. McDermid："Safety Case Construction and Reuse using Patterns", in Proceedings of 16thInternational Conference on Computer Safety, Reliability and Security（SAFECOMP'97）, Springer-Verlag, September1997.

[11] DEOSプロジェクト、

http://www.crest-os.jst.go.jp

[12] 松野裕、高井利憲、山本修一郎：『D-Case 入門—ディペンダビリティ・ケースを書いてみよう！—』、ダイテックホールディング、2012年。

[13] 金子朋子、髙橋雄志、勅使河原可海、吉岡信和、山本修一郎、大久保隆夫、田中英彦：「セキュリティ要求分析・保証の統合手法CC-Caseの有効性評価実験」、『情報処理学会論文誌コンシューマ・デバイス＆システム（CDS）』、Vol.8、No.1、pp.11-26、2018年1月30日。

[14] White Paper on Limitations of Safety Assurance and Goal Structuring Notation（GSN）,

http://sunnyday.mit.edu/safety-assurance.pdf

[15] IPA：「IoT開発におけるセキュリティ設計の手引き」、2018年。

https://www.ipa.go.jp/files/000052459.pdf

[16] 金子朋子、山本修一郎、田中英彦：「システム開発プロジェクトにおけるリス

ク管理へのアシュアランスケースの効果的利用」、『プロジェクトマネジメント学会誌』、Vol.16、No.4、pp.14-19、2014年。

[17] 金子朋子：「より安全なシステム構築のために～CC-Case_iによるセキュリティ要件の見える化」、『日本セキュリティ・マネジメント学会』、5月号）、2016年5月。

[18] IPA：『つながる世界のセーフティ＆セキュリティ設計入門～IoT時代のシステム開発「見える化」』、2015年。

[19] 後藤厚宏：「IoT時代のセーフティ・セキュリティ確保に向けた課題と取組み」、IPASECセミナー、2015年。

[20] kasperskyホームページ，
https://blog.kaspersky.co.jp/blackhat-jeep-cherokee-hack-explained/8480

[21] 重要生活機器連携セキュリティ協議会：「重要生活機器の脅威の事例集Ver.1.2」、
https://www.ccds.or.jp/public/document/other/CCDS_CaseStudies_v1_2.pdf

[22] 経済産業省：「産業構造審議会 商務流通情報分科会 情報経済小委員会 分散戦略ワーキンググループ、中間とりまとめ」、2016年11月、
https://www.meti.go.jp/report/whitepaper/data/pdf/20161129001_01.pdf

[23] 高田信彦、南俊博：『情報セキュリティ教科書』、東京電機大学出版局、2008年。

第7章の参考文献

[1] 科学技術振興機構（JST）：戦略プロポーザル「AI応用システムの安全性・信頼性を確保する新世代ソフトウェア工学の確立」、2018年12月。
https://www.jst.go.jp/crds/report/report01/CRDS-FY2018-SP-03.html

[2] 金子朋子、髙橋雄志、吉岡信和：「機械学習システム全体としての安全性確保の提案」、電子情報通信学会KBSE研究会、2020年9月。

[3] Tomoko Kaneko, Nobukazu Yoshioka：*Ensuring the safety of entire machine learning systems with STAMP S&S*, Springer, LEARNING AND ANALYTICS IN INTELLIGENT SYSTEMS (LAIS) book series 2021.

[4] BDD100K: A Large-scale Diverse Driving Video Database:
https://bair.berkeley.edu/blog/2018/05/30/bdd/

[5] 吉田篤、藤原真哉、里富豊、鎌田桂太郎、黒田知佳、松崎美保、大森裕介、西啓行、佐々木良一、髙橋雄志、金子朋子：「システム思考とレジリエンスエンジニアリングを用いた安全性分析の試行」、日本科学技術連盟ソフトウェア品質研究会、2021年2月。

[6] Ryoichi Sasaki, Tomoko Kaneko, Nobukazu Yoshioka："A Study on Classification and Integration of Research on both AI and Security in the IoT Era", 11th International Conference on Information Science and Applications (ICISA2020), 2020.

[7] 佐々木良一、金子朋子、吉岡信和：「IoT時代におけるAIとセキュリティに関す

る統合的研究の構想」、コンピュータセキュリティシンポジウム2020（CSS2020）2020年10月。

[8] ITmedia NEWS：「チケット購入のアクセス「9割がbot」にびっくり "知恵比べ" の舞台裏」、
https://www.itmedia.co.jp/news/articles/1809/05/news064.html

[9] J. Searle, "Minds, Brains and Programs", *The Behavioral and Brain Sciences,* vol.3, 1980.
https://www.cambridge.org/core/journals/behavioral-and-brain-sciences/article/abs/minds-brains-and-programs/DC644B47A4299C637C89772FACC2706A

[10] OpenAI：Attacking Machine Learning with Adversarial Examples, 2017.
https://openai.com/blog/adversarial-example-research/

[11] 吉岡信和：「セキュリティの知識を共有するセキュリティパターン」,『情報処理』、Vol.52、No.9、pp.1134-1139, 2011年。

索　引

著者紹介

金子 朋子（かねこ ともこ）
博士（情報学）
国立情報学研究所 特任准教授
㈱NTTデータ　エグゼクティブR&Dスペシャリスト
公認情報セキュリティ監査人
日本科学技術連盟SQiP研究会　セーフティ&セキュリティ分科会主査
電子情報通信学会知能ソフトウェア工学研究会専門委員
日本セキュリティマネジメント学会IoTリスク研究会幹事
日本ソフトウェア科学会機械学習工学研究会　機械学習システムセーフティ・セキュリティWG幹事

経歴：㈱NTTデータに1期生として入社し、システム開発や品質保証業務を長年実施。2008年より社会人大学院で学び、2014年セキュリティ要求と保証の研究で学位を取得。

2016年-2019年　�情報処理推進機構（IPA）に在籍出向し、システム理論（STAMP）やレジリエンスエンジニアリング（FRAM）等の安全分析技術の普及展開に従事。

2019年-現在　　国立情報学研究所に在籍出向し、「AIシステムの安全性」を研究。

主な著書（共著）：『A Closer Look at Safety and Security』（Jeff M. Holder編、Nova Science pub. Inc.、2020年）、『ソフトウェア品質知識体系ガイド第3版（SQuBOK V3）』（SQuBOK策定部会編、オーム社、2020年）、『つながる世界の開発指針』の実践に向けた手引き』『STAMPガイドブック　〜システム思考による安全分析〜』（IPA、2019年）などがある。

　月刊『潮』（潮出版社）にて、「Safety & Security〜 IT博士と学ぶ デジタル社会の歩き方」（漫画：もりたゆうこ）を連載（2021年1月号より連載開始）。

セーフティ＆セキュリティ入門
AI、IoT 時代のシステム安全

2021 年 10 月 26 日　　第 1 刷発行

編　者　日科技連SQiP 研究会
　　　　セーフティ＆セキュリティ分科会
著　者　金子　朋子
発行人　戸羽　節文

発行所　株式会社 日科技連出版社
〒 151-0051　東京都渋谷区千駄ケ谷 5-15-5
DS ビル
電　話　出版　03-5379-1244
　　　　営業　03-5379-1238

検　印
省　略

Printed in Japan

印刷・製本　壮光舎印刷

© *Tomoko Kaneko 2021*
ISBN 978-4-8171-9737-5
URL https://www.juse-p.co.jp/